表現・特徴で見つける

フォントBOOK

モリサワ総合書体見本帳
2023–2024

INTRODUCTION

書体のデザインは、見た目の違いで分類することが一般的です。明朝体かゴシック体か、装飾があるかないか、時には歴史的な系譜を軸にすることもあります。

この見本帳ではそうした客観的な要素に、「つくりたい表現」や「フォントの特徴」といった視点を加え、従来の枠組みを超えた分類を試みています。これにより、制作物にマッチした書体を、2,000を超えるモリサワの書体ライブラリから直感的に選択することができます。掲載書体は全て、フォントサブスクリプションサービス「Morisawa Fonts」からご利用いただくことが可能です。

本書をきっかけに、新たな書体との出会いがあり、新たな創作につながることとなれば幸いです。

※ 本書では次のとおり略称を用いています。Arphic Types は Arphic Technology Co.,Ltd.、SANDOLL は Sandoll Inc.、Rosetta は Rosetta Type Foundry s.r.o. をそれぞれ示しています。

CONTENTS

全書体見本 199

フォント活用Tips 225

アーカイブ2022–2023特集企画

本書の使い方

本書の書体見本は、「つくりたい表現で探す」「特徴で探す」「全書体見本」の３カテゴリで構成されています。「つくりたい表現で探す」「特徴で探す」では、従来の書体分類に捉われない、使い手目線でのカテゴライズです。「全書体見本」では、Morisawa Fontsでご利用いただける全書体を書体分類・ブランド別に一覧にしています。書体ごとの「ページナビ」で他のカテゴリでの掲載ページを確認することもできます。

つくりたい表現で探す

表現したい作風やイメージにマッチするキーワードから書体を絞り込めます。

書体基本情報とタグ

フォントメニュー名、ブランド、文字セットといった基本情報に加えて書体のジャンルや推奨使用サイズをタグで確認できます。

モリサワではＡP-OTFの使用を推奨しているため、ＡP-OTFとA-OTFの両方がリリースされている場合、ＡP-OTFのメニュー名を記載しています。詳しくはp.227「モリサワブランドのフォント」をご覧ください。

キーワードにマッチした使用例見本

全書体共通の見本と、書体ごとに異なる見本を掲載。使用イメージをさまざまな切り口で確認できます。

キーワード

つくりたい制作物のイメージから感覚的に書体を選択可能。

大級数見本

書体のプロポーションやエレメントを比較することができます。

ウエイト・ファミリー見本

ウエイトのほか、欧文書体などのイタリック、装飾や横組・縦組用といったファミリー展開を確認できます。

グリフ見本

形の特徴が出やすいグリフを掲載。かな・英数字のデザインや字面サイズの違いを比較できます。

簡易見本

一部書体は「つくりたい表現で探す」カテゴリ内でキーワードの異なる２か所に掲載されています。一方の見本は簡易見本で掲載しています。

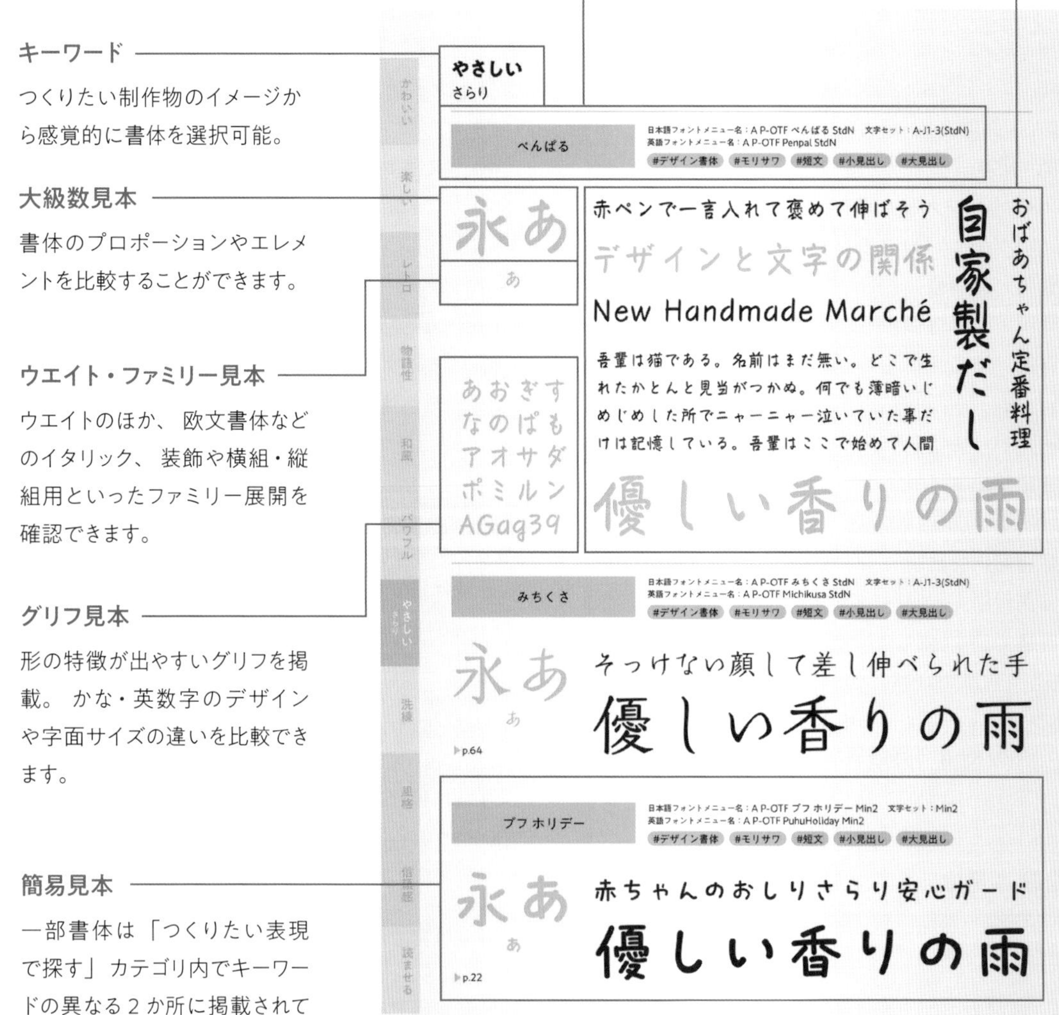

特徴で探す

既存の書体分類をより細分化した、形や仕様、用途といった特徴から関連する書体同士を比較できるカテゴリです。

ジャンル

似ている書体同士を比較することが可能。

ジャンル解説

書体を比較する際のポイントや使用場面についての解説。

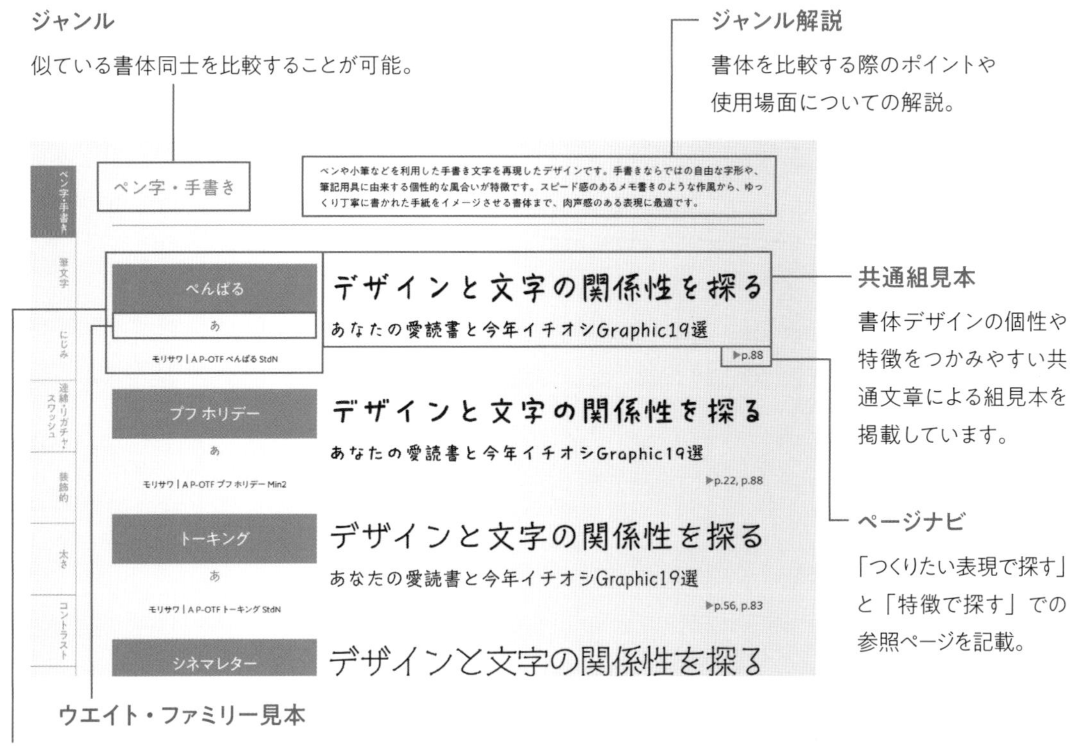

共通組見本

書体デザインの個性や特徴をつかみやすい共通文章による組見本を掲載しています。

ページナビ

「つくりたい表現で探す」と「特徴で探す」での参照ページを記載。

全書体見本

2000 書体を超える Morisawa Fonts のライブラリを、書体分類・ブランドに基づいて網羅的に一覧することができるカテゴリです。

〈掲載書体分類〉

明朝体
ゴシック体
丸ゴシック体
デザイン書体
装飾書体
筆書体
新聞書体
UD 書体
その他和文
Serif
Sans Serif
Rounded
Script
Display
Universal Design
その他欧文
その他の多言語・記号・数字書体

書体分類・ブランド

書体分類とブランドからなるグループに分類。Morisawa Fonts 公式サイトの書体見本とも対応しています。

designed by DODO DESIGN：オリジナリティのあるデザイナーが多数所属しています。デザインで人を驚かせ心をつかみたいと思っています。

特集企画

モリサワ2023年新書体×グラフィック作例

広告からCI・VI、さらにはパッケージ、Webデザインまで幅広いデザインを手がけるDODO DESIGNが、2023年新書体を使って6つのテーマ（コミック表紙・Webサイト・お酒ラベル・映画ポスター・イベントグッズ・化粧品パッケージ）ごとにグラフィック作例を制作しました。先鋭的なデザインからオールドなデザインまで、新書体の使いどころをみつけてください。

#Manga Book Cover　#Web Site　#Liquor Label
#Movie Poster　#Event Goods　#Cosmetic Package

Category:
Manga Book Cover

江戸川乱歩『怪人二十面相』をコミカライズ。インパクトがあり世界観を伝えるような文字を意識し、タイトルには「ボルクロイド」を使用。グランジ加工を施したり、イラストとの関わりを持たせたりすることで、興奮を掻き立てるような視覚的魅力を盛り込みました。作者名やリード文には「月下香」を使用し、作品の持つミステリアスな雰囲気を意識しています。文字の大胆なレイアウト、対比の効いた色彩関係の設定で、物語の世界観を表現できるようにしています。

使用フォント

[2023年 新書体]

ボルクロイド

怪人二十面相

月下香

江戸川乱歩

A1明朝（AP版）B

探偵団シリーズ

[その他]

A1ゴシック R

Bodoni（本明朝-Book用）Book

Category:
Web Site

『まったりファーム』という大規模観光農園のWebサイト。子どもから大人まで楽しめる農園というコンセプトに合うよう、ロゴには明るく可愛らしい「プフ サワー」を使用しました。周りのイラストとトーンを合わせることで、穏やかながらもワクワクする世界観を演出しています。やわらかい印象を持つ「翠流ゆゆポップ」をコピーやメニューボタンに使用することで、見た目の楽しさや親しみやすさ、ホッとするあたたかさを感じてもらえるようなサイトデザインにしました。

使用フォント

[2023年 新書体]

プフ サワー

まったりファーム

翠流ゆゆポップ

自然のリズム

[その他]

ヒラギノ角ゴ W4

Category:
Liquor Label

春をイメージした日本酒『春舞』と、夏をイメージしたスパークリング日本酒『泡沫花火』のラベル。『春舞』では力強く濃い印象の筆文字「史仙堂楷書体」を使用し、サブ書体には、新しくウエイト追加された「A1 明朝（AP 版）」も組み入れ、深みのある緊張感を演出しています。対照的に『泡沫花火』では軽やかな「翠流きら星」をメイン書体とし、サブ書体にはキャッチーな印象の「プフ ソワレ」を使用することで、夏を思わせる爽やかな雰囲気を意識しました。

使用フォント

[2023年 新書体]

史仙堂楷書体

春舞

A1明朝（AP版）R

純米大吟醸

翠流きら星

泡沫花火

プフ ソワレ

スパークリング

Category:

Movie Poster

『工芸のかがやき Nipponの美、その「今」をたずねて』というドキュメンタリー映画のポスター。上品かつやわらかさを持つ「欅角ゴシック Oldstyle」を写真とバランスを考えながら組み合わせることで、伝統工芸の風格や味わいを演出。サブ書体には「瓦明朝」を使用し、モダンさ、視認性の高さを大切にしました。伝統技術が職人の手により革新的な表現に繋がっていく様子を想像し、色や文字の動きによってポップでグラフィカルな印象となるよう表現しています。

使用フォント

［2023年 新書体］

欅角ゴシック Oldstyle B

工芸のかがやき

瓦明朝 M

世代を超えて

Category:
Event Goods

『こども大宇宙博2023』という子ども向け科学イベントのグッズ。ロゴにはジオメトリックな「アルデオ」を、パンフレットの見出しには親しみやすい印象の「つぶてん」を使用することで、近未来の雰囲気やイベントのワクワク感を演出しています。色の設計も複数の色を使うことで楽しさを表現しています。周りには宇宙のイラストを取り入れつつ、ロゴや見出しの文字を大きめに配置することで、ダイナミックな印象のグッズ展開を目指しています。

使用フォント

[2023年 新書体]

アルデオ

こども大宇宙博

つぶてん

触ってわかる！

Category:
Cosmetic Package

使用フォント

[2023年 新書体]
美風
透花美水
欅明朝 Oldstyle R
天然花オイル

春の風をイメージした化粧水『透花美水』のボトルと箱のパッケージ。涼やかで洗練された雰囲気を持つ「美風」を印象的に使用。製品名にちなんだ花のグラフィックと組み合わせ、バランスをとることで凛とした世界観を演出しています。サブ書体では、落ち着きのある「欅明朝 Oldstyle」に動きをつけることで、軽やかさと上品さ、さらにやわらかい雰囲気を表現しました。箱のパッケージは、文字を全体的に大きく、大胆に見せることでボトルとの調和を意識しています。

つくりたい表現で探す

使いたい書体を「11の表現」から探せるようカテゴライズ。デザインにマッチするフォントを感覚的に探すことができます。

キーワード

かわいい
楽しい
レトロ
物語性
和風
パワフル
やさしい
洗練
風格
信頼感
読ませる

※本項では「Morisawa Fonts」で提供される書体のうち代表的なものを掲載しています。
※カテゴリー名は本書独自のものです。既存の分類とは対応しない場合があります。

かわいい

ラブリー

すずむし

日本語フォントメニュー名：A P-OTF すずむし StdN　文字セット：A-J1-3(StdN)
英語フォントメニュー名：A P-OTF Suzumushi StdN

#デザイン書体 #モリサワ #小見出し #大見出し

永あ

あ

あおぎす
なのぱも
アオサダ
ポミルン
AGag39

まんまるボディのもっちり猫ちゃん

デザインと文字の関係

Happy Sweets Collection

吾輩は猫である。名前はまだ無い。どこで生れたかとんと見当がつかぬ。何でも薄暗いじめじめした所でニャーニャー泣いていた事だけは記憶している。吾輩はここで始めて人間

恋の三銃士

絶対に崩れないリップ

わんにゃん探訪

ココン

日本語フォントメニュー名：A P-OTF ココン Min2　文字セット：Min2
英語フォントメニュー名：A P-OTF Kokon Min2

#デザイン書体 #モリサワ #短文 #小見出し #大見出し

永あ

あ

あおぎす
なのぱも
アオサダ
ポミルン
AGag39

初めてさんでも作れる乙女のピアス

デザインと文字の関係

Happy Sweets Collection

吾輩は猫である。名前はまだ無い。どこで生れたかとんと見当がつかぬ。何でも薄暗いじめじめした所でニャーニャー泣いていた事だけは記憶している。吾輩はここで始めて人間

メルヘン感

喫茶ブルーキャッスル

わんにゃん探訪

かわいい
ラブリー

プフ ソワレ

日本語フォントメニュー名：A P-OTF プフ ソワレ Min2　文字セット：Min2
英語フォントメニュー名：A P-OTF Puhu Soiree Min2
#デザイン書体 #モリサワ #短文 #小見出し #大見出し

永あ
あ

レンタル着物で巡る春の京都女子旅

デザインと文字の関係

Happy Sweets Collection

吾輩は猫である。名前はまだ無い。どこで生れたかとんと見当がつかぬ。何でも薄暗いじめじめした所でニャーニャー泣いていた事だけは記憶している。吾輩はここで始めて人間

青春れもん

とっておきの蝶むすび

あおぎす
なのぱも
アオサダ
ポミルン
AGag39

わんにゃん探訪

プフ マーチ

日本語フォントメニュー名：A P-OTF プフ マーチ Min2　文字セット：Min2
英語フォントメニュー名：A P-OTF Puhu March Min2
#デザイン書体 #モリサワ #短文 #小見出し #大見出し

永あ
あ

さくら色のチークを頬にまるくオン

デザインと文字の関係

Happy Sweets Collection

吾輩は猫である。名前はまだ無い。どこで生れたかとんと見当がつかぬ。何でも薄暗いじめじめした所でニャーニャー泣いていた事だけは記憶している。吾輩はここで始めて人間

ゆるふわ魂

一度は訪れたい甘味処

あおぎす
なのぱも
アオサダ
ポミルン
AGag39

わんにゃん探訪

かわいい
ラブリー

はるひ学園
はるひがくえん

日本語フォントメニュー名：A P-OTF はるひ学園 StdN　文字セット：A-J1-3(StdN)
英語フォントメニュー名：A P-OTF Haruhi Gakuen StdN
#デザイン書体 #モリサワ #小見出し #大見出し

永あ
あ

三色だんごとタピオカミルクティー
デザインと文字の関係
Happy Sweets Collection

吾輩は猫である。名前はまだ無い。どこで生れたかとんと見当がつかぬ。何でも薄暗いじめじめした所でニャーニャー泣いていた事だけは記憶している。吾輩はここで始めて人間

空から天使
普段使いの本革バッグ

あおぎす
なのぱも
アオサダ
ポミルン
AGag39

わんにゃん探訪

ららぽっぷ+
ららぽっぷぷらす

日本語フォントメニュー名：A P-OTF ららぽっぷ+ ProN　文字セット：A-J1-4(ProN)
英語フォントメニュー名：A P-OTF Lalapop+ ProN
#丸ゴシック体 #モリサワ #小見出し #大見出し

永あ
あ あ あ あ
L R M DB
あ あ あ
B H U

▶p.31

バターとろけるふわふわパンケーキ
M

わんにゃん探訪
B

タカポッキ

日本語フォントメニュー名：A P-OTF タカポッキ Min　文字セット：Min
英語フォントメニュー名：A P-OTF Takapokki Min
#デザイン書体 #モリサワ #小見出し #大見出し

永あ
あ

▶p.32

想いを叶える！四つ葉のクローバー

わんにゃん探訪

かわいい
ポップ

プフ ピクニック

日本語フォントメニュー名：A P-OTF プフ ピクニック Min2　文字セット：Min2
英語フォントメニュー名：A P-OTF PuhuPicnic Min2
#デザイン書体 #モリサワ #小見出し #大見出し

永あ
あ

あおぎす
なのぱも
アオサダ
ポミルン
AGag39

次はひよこ組のみんなが発表します
デザインと文字の関係
Happy Sweets Collection
吾輩は猫である。名前はまだ無い。どこで生れたかとんと見当がつかぬ。何でも薄暗いじめじめした所でニャーニャー泣いていた事だけは記憶している。吾輩はここで始めて人間

いくら軍艦

牧場ミルクの生プリン

わんにゃん探訪

ぽってり

日本語フォントメニュー名：A P-OTF ぽってり Min2　文字セット：Min2
英語フォントメニュー名：A P-OTF Potteri Min2
#デザイン書体 #モリサワ #短文 #小見出し #大見出し

永あ
あ あ あ あ
L R M B

あおぎす
なのぱも
アオサダ
ポミルン
AGag39

ずっと仲良しゆかいな仲間が大集合
L
デザインと文字の関係
R
Happy Sweets Collection
M
吾輩は猫である。名前はまだ無い。どこで生れたかとんと見当がつかぬ。何でも薄暗いじめじめした所でニャーニャー泣いていた事だけは記憶している。吾輩はここで始めて人間
R

擬人キャラ
L

やわらか〜い抱き心地
M

わんにゃん探訪
B

かわいい
フレンドリー

プフ ホリデー

日本語フォントメニュー名：A P-OTF プフ ホリデー Min2　文字セット：Min2
英語フォントメニュー名：A P-OTF PuhuHoliday Min2
#デザイン書体 #モリサワ #短文 #小見出し #大見出し

永あ
あ

チャリティバザー総合案内所はココ
デザインと文字の関係
Happy Sweets Collection

お菓子教室

おうち着でリラックス

吾輩は猫である。名前はまだ無い。どこで生れたかとんと見当がつかぬ。何でも薄暗いじめじめした所でニャーニャー泣いていた事だけは記憶している。吾輩はここで始めて人間

あおぎす
なのぱも
アオサダ
ポミルン
AGag39

わんにゃん探訪

プフ ポッケ

日本語フォントメニュー名：A P-OTF プフ ポッケ Min2　文字セット：Min2
英語フォントメニュー名：A P-OTF Puhu Pokke Min2
#デザイン書体 #モリサワ #短文 #小見出し #大見出し

永あ
あ

カカオ70%使用のビターなあじわい
デザインと文字の関係
Happy Sweets Collection

下町ひろば

鳥類の生態を調べよう

吾輩は猫である。名前はまだ無い。どこで生れたかとんと見当がつかぬ。何でも薄暗いじめじめした所でニャーニャー泣いていた事だけは記憶している。吾輩はここで始めて人間

あおぎす
なのぱも
アオサダ
ポミルン
AGag39

わんにゃん探訪

楽しい
レトロ
物語性
和風
パワフル
やさしい
洗練
風格
信頼感
読ませる

かわいい
フレンドリー

プフ サワー

日本語フォントメニュー名：A P-OTF プフ サワー Min2　文字セット：Min2
英語フォントメニュー名：A P-OTF Puhu Sour Min2
#デザイン書体 #モリサワ #短文 #小見出し #大見出し

永あ
あ

あおぎす
なのぱも
アオサダ
ポミルン
AGag39

この春試したい甘辛ミックスコーデ

デザインと文字の関係

Happy Sweets Collection

吾輩は猫である。名前はまだ無い。どこで生れたかとんと見当がつかぬ。何でも薄暗いじめじめした所でニャーニャー泣いていた事だけは記憶している。吾輩はここで始めて人間

苺あんパン

ぷちっとはじける食感

わんにゃん探訪

ちさき

日本語フォントメニュー名：A P-OTF ちさき Min2　文字セット：Min2
英語フォントメニュー名：A P-OTF Chisaki Min2
#デザイン書体 #モリサワ #短文 #小見出し #大見出し

永あ
あ

▶p.38

手編みのマフラーを作ってあげるね

わんにゃん探訪

Lima PE
りーまぴーいー

日本語フォントメニュー名：Lima PE　文字セット：PE（ラテン）
英語フォントメニュー名：Lima PE
#Serif #モリサワ #本文 #短文 #小見出し #大見出し

Aa3

▶p.84

Hamburgefonstiv 1726
Medium

Strawberry Jam
Bold

かわいい のびのび
楽しい
レトロ
物語性
和風
パワフル
やさしい
洗練
風格
信頼感
読ませる

タカ風太
たかふうた

日本語フォントメニュー名：A P-OTF タカ風太 Min2　文字セット：Min2
英語フォントメニュー名：A P-OTF Takafuta Min2

#デザイン書体 #モリサワ #小見出し #大見出し

永あ
あ

7種のフルーツはじけるキャンディ

デザインと文字の関係

Happy Sweets Collection

吾輩は猫である。名前はまだ無い。どこで生れたかとんと見当がつかぬ。何でも薄暗いじめじめした所でニャーニャー泣いていた事だけは記憶している。吾輩はここで始めて人間

国語の時間

甘さと酸味のりんご飴

あおぎす
なのぱも
アオサダ
ポミルン
AGag39

わんにゃん探訪

はせミン

日本語フォントメニュー名：A P-OTF はせミン StdN　文字セット：A-J1-3(StdN)
英語フォントメニュー名：A P-OTF Hasemin StdN

#デザイン書体 #モリサワ #短文 #小見出し #大見出し

永あ
あ あ あ
R M B

薄墨色ワンピースでシックな佇まい R

デザインと文字の関係 B

Happy Sweets Collection M

吾輩は猫である。名前はまだ無い。どこで生れたかとんと見当がつかぬ。何でも薄暗いじめじめした所でニャーニャー泣いていた事だけは記憶している。吾輩はここで始めて人間 R

あたま体操 B

青空と珊瑚のリゾート M

あおぎす
なのぱも
アオサダ
ポミルン
AGag39

わんにゃん探訪 B

キャピーN+
きゃぴーえぬぷらす

日本語フォントメニュー名：A P-OTF キャピーN+ ProN　文字セット：A-J1-4(ProN)
英語フォントメニュー名：A P-OTF CapieN+ ProN
#丸ゴシック体 #モリサワ #短文 #小見出し #大見出し

永あ
あ L あ R あ M あ DB
あ B あ H あ U

あおぎす
なのぱも
アオサダ
ポミルン
AGag39

本音トーク&オフショットもあるよ R
デザインと文字の関係 DB
Happy Sweets Collection M
吾輩は猫である。名前はまだ無い。どこで生れたかとんと見当がつかぬ。何でも薄暗いじめじめした所でニャーニャー泣いていた事だけは記憶している。吾輩はここで始めて人間 R
いちご狩り U
クマちゃんとあそぼう B
わんにゃん探訪 H

カモレモン+
かもれもんぷらす

日本語フォントメニュー名：A P-OTF カモレモン+ ProN　文字セット：A-J1-4(ProN)
英語フォントメニュー名：A P-OTF KamoLemon+ ProN
#丸ゴシック体 #モリサワ #短文 #小見出し #大見出し

永あ
あ L あ R あ M あ DB
あ B あ H あ U

あおぎす
なのぱも
アオサダ
ポミルン
AGag39

ドロン森の動物と3人の木こりたち L
デザインと文字の関係 DB
Happy Sweets Collection R
吾輩は猫である。名前はまだ無い。どこで生れたかとんと見当がつかぬ。何でも薄暗いじめじめした所でニャーニャー泣いていた事だけは記憶している。吾輩はここで始めて人間 R
窓辺にネコ U
ホットのブレンド珈琲 B
わんにゃん探訪 H

かわいい

ほのぼの

ぼっくる

日本語フォントメニュー名：Roぼっくる Std　文字セット：A-J1-3(Std)
英語フォントメニュー名：Ro Pokkru Std

#デザイン書体 #タイプバンク #小見出し #大見出し

永あ

あ

子供たちと楽しく遊べる折り紙辞典

デザインと文字の関係

Happy Sweets Collection

吾輩は猫である。名前はまだ無い。どこで生れたかとんと見当がつかぬ。何でも薄暗いじめじめした所でニャーニャー泣いていた事だけは記憶している。吾輩はここで始めて人間

おやすみ枕

ふわもこ羊毛マフラー

あおぎす
なのぱも
アオサダ
ポミルン
AGag39

わんにゃん探訪

丸フォーク
まるふぉーく

日本語フォントメニュー名：A P-OTF 丸フォーク ProN　文字セット：A-J1-4(ProN)
英語フォントメニュー名：A P-OTF Maru Folk ProN

#デザイン書体 #モリサワ #短文 #小見出し #大見出し

永あ

あ あ あ あ
R M B H

心あたたまる大事な思い出アルバム R

デザインと文字の関係 B

Happy Sweets Collection R

吾輩は猫である。名前はまだ無い。どこで生れたかとんと見当がつかぬ。何でも薄暗いじめじめした所でニャーニャー泣いていた事だけは記憶している。吾輩はここで始めて人間 R

陽だまり園 H

うさぎのロップイヤー M

あおぎす
なのぱも
アオサダ
ポミルン
AGag39

わんにゃん探訪 B

賞味期限

牧場 ミルク

牧場
ミルク

種類別 牛乳

要冷蔵（10℃以下） 1000ml

プフ ピクニック

いちご
ミルク

200
ml

(株) 森澤乳業

ココン

カルシウム
チーズ
Cheese

プフ ホリデー

おいしい!
ヨーグルト
せいにゅう100%

キャピー

とろける口どけ
アイス

はせミン

楽しい
元気

ハッピーN+
はっぴーえぬぷらす

日本語フォントメニュー名：A P-OTF ハッピーN+ ProN　文字セット：A-J1-4(ProN)
英語フォントメニュー名：A P-OTF HappyN+ ProN
#ゴシック体 #モリサワ #短文 #小見出し #大見出し

永あ
あ あ あ あ
L R M DB
あ あ あ
B H U

あおぎす
なのぱも
アオサダ
ポミルン
AGag3

桜の開花宣言はいつになるのか予想
L

デザインと文字の関係
DB

3/19 RENEWAL OPEN!!
R

吾輩は猫である。名前はまだ無い。どこで生れたかとんと見当がつかぬ。何でも薄暗いじめじめした所でニャーニャー泣いていた事だけは記憶している。吾輩はここで始めて人間
R

初めての海
U

想像力育む泥んこ遊び
B

夢が叶う遊園地
H

つぶてん

日本語フォントメニュー名：A P-OTF つぶてん Min2　文字セット：Min2
英語フォントメニュー名：A P-OTF Tsubuten Min2
#デザイン書体 #モリサワ #小見出し #大見出し

永あ
あ

あおぎす
なのぱも
アオサダ
ポミルン
AGag39

週末はドライブでぶどう狩りに出発

デザインと文字の関係

3/19 RENEWAL OPEN!!

吾輩は猫である。名前はまだ無い。どこで生れたかとんと見当がつかぬ。何でも薄暗いじめじめした所でニャーニャー泣いていた事だけは記憶している。吾輩はここで始めて人間

長なわとび

思考力をのばすパズル

夢が叶う遊園地

楽しい
元気

翠流ゆゆポップ
すいりゅうゆゆぽっぷ

日本語フォントメニュー名：A P-OTF 翠流ゆゆポップ StdN　文字セット：A-J1-3(StdN)
英語フォントメニュー名：A P-OTF SuiryuYuyuPop StdN

#デザイン書体 #モリサワ #短文 #小見出し #大見出し

永あ
あ

あったか〜い毛布ともっちり抱き枕
デザインと文字の関係
3/19 RENEWAL OPEN!!
吾輩は猫である。名前はまだ無い。どこで生れたかとんと見当がつかぬ。何でも薄暗いじめじめした所でニャーニャー泣いていた事だけは記憶している。吾輩はここで始めて人間

食育だより
ランチ営業やってます

あおぎす
なのぱも
アオサダ
ポミルン
AGag3

夢が叶う遊園地

タカハンド

日本語フォントメニュー名：A P-OTF タカハンド StdN　文字セット：A-J1-3(StdN)
英語フォントメニュー名：A P-OTF TakaHand StdN

#デザイン書体 #モリサワ #短文 #小見出し #大見出し

永あ
あ あ あ あ あ
L M DB B H

チームメイトに発破をかけ試合開始
L
デザインと文字の関係
DB
3/19 RENEWAL OPEN!!
M
吾輩は猫である。名前はまだ無い。どこで生れたかとんと見当がつかぬ。何でも薄暗いじめじめした所でニャーニャー泣いていた事だけは記憶している。吾輩はここで始めて人間
L

おまけ付き
B
神輿を担いでねり歩き
M

あおぎす
なのぱも
アオサダ
ポミルン
AGag39

夢が叶う遊園地
H

楽しい
元気

はせトッポ+
はせとっぽぷらす

日本語フォントメニュー名：A P-OTF はせトッポ+ ProN　文字セット：A-J1-4(ProN)
英語フォントメニュー名：A P-OTF HaseToppo+ ProN
#ゴシック体 #モリサワ #小見出し #大見出し

永あ
あ あ あ あ
L R M DB
あ あ あ
B H U

あおぎす
なのぱも
アオサダ
ポミルン
AGag3

どんちゃん騒ぎは真夜中まで続いた
L

デザインと文字の関係
DB

3/19 RENEWAL OPEN!!
M

吾輩は猫である。名前はまだ無い。どこで生れたかとんと見当がつかぬ。何でも薄暗いじめじめした所でニャーニャー泣いていた事だけは記憶している。吾輩はここで始めて人間
R

U B

夢が叶う遊園地
H

Tapir Pro
たぴあーぷろ

日本語フォントメニュー名：Tapir Pro　文字セット：Pro（ラテン）
英語フォントメニュー名：Tapir Pro
#Sans Serif #モリサワ #短文 #小見出し #大見出し

Aa3

a a a
ExtraLight Light Regular
a a a
Medium Bold Heavy
a a a
ExtraLight Italic, Light Italic, Italic
a a a
Medium Italic, Bold Italic, Heavy Italic

Enjoy every moment
Bold

As young readers like to know “HOW PEOPLE LOOK,” we will take this moment to give them a little sketch of the four sisters, who sat knitting away in the twilight, *while the December snow fell quietly without, and the fire crackled cheerfully within.*
Regular & Italic

Come out and play with me!
Bold Italic

Hamburgefonstiv 1726
ExtraLihgt

Puzzles **& Riddles**
Lihgt & Heavy

プリティー桃
ぷりてぃーもも

日本語フォントメニュー名：A P-OTF プリティー桃 StdN　文字セット：A-J1-3(StdN)
英語フォントメニュー名：A P-OTF Pretty Momo StdN

#デザイン書体　#モリサワ　#大見出し

永あ
あ

体を動かしながら学べるキッズ英語
デザインと文字の関係
RENEWAL OPEN
天真爛漫
影ふみ遊び
真っ白うさぎがピョン
夢が叶う遊園地

あおぎす
なのぱも
アオサダ
ポミルン
AGag3

ららぽっぷ+
ららぽっぷぷらす

日本語フォントメニュー名：A P-OTF ららぽっぷ+ ProN　文字セット：A-J1-4(ProN)
英語フォントメニュー名：A P-OTF Lalapop+ ProN

#丸ゴシック体　#モリサワ　#小見出し　#大見出し

永あ
あ L　あ R　あ M　あ DB
あ B　あ H　あ U

やっほ〜はじめてお手紙を書いたよ L
デザインと文字の関係 DB
3/19 RENEWAL OPEN!! M
吾輩は猫である。名前はまだ無い。どこで生れたかとんと見当がつかぬ。何でも薄暗いじめじめした所でニャーニャー泣いていた事だけは記憶している。吾輩はここで始めて人間 R
オトメな話 H
鼻歌うたってスキップ B
夢が叶う遊園地 H

あおぎす
なのぱも
アオサダ
ポミルン
AGag39

楽しい
はずむ

タカポッキ

日本語フォントメニュー名：A P-OTF タカポッキ Min　文字セット：Min
英語フォントメニュー名：A P-OTF Takapokki Min
#デザイン書体 #モリサワ #小見出し #大見出し

永あ
あ

あおぎす
なのぱも
アオサダ
ポミルン
AGag3

優勝してメンバーが抱き合って歓喜
デザインと文字の関係
3/19 RENEWAL OPEN!!

吾輩は猫である。名前はまだ無い。どこで生れたかとんと見当がつかぬ。何でも薄暗いじめじめした所でニャーニャー泣いていた事だけは記憶している。吾輩はここで始めて人間

自己流体操

期待の大型新人を紹介

夢が叶う遊園地

くもやじ

日本語フォントメニュー名：A P-OTF くもやじ StdN　文字セット：A-J1-3(StdN)
英語フォントメニュー名：A P-OTF Kumoyaji StdN
#デザイン書体 #モリサワ #短文 #小見出し #大見出し

永あ
あ

あおぎす
なのぱも
アオサダ
ポミルン
AGag39

2つの味わいが生み出すハーモニー
デザインと文字の関係
3/19 RENEWAL OPEN!!

吾輩は猫である。名前はまだ無い。どこで生れたかとんと見当がつかぬ。何でも薄暗いじめじめした所でニャーニャー泣いていた事だけは記憶している。吾輩はここで始めて人間

餅つき大会

全員でじゃんけんぽん

夢が叶う遊園地

楽しい
ユーモラス

タカリズム

日本語フォントメニュー名：A P-OTF タカリズム Min　文字セット：Min
英語フォントメニュー名：A P-OTF Takarhythm Min
#デザイン書体 #モリサワ #小見出し #大見出し

永あ
あ あ あ
R M DB

リリックの中に垣間見るリスペクト R
デザインと文字の関係 DB
3/19 RENEWAL OPEN!! R
吾輩は猫である。名前はまだ無い。どこで生れたかとんと見当がつかぬ。何でも薄暗いじめじめした所でニャーニャー泣いていた事だけは記憶している。吾輩はここで始めて人間 R

知らんけど M
お笑いライブ公演情報 R

あおぎす
なのぱも
アオサダ
ポミルン
AGag39

夢が叶う遊園地 DB

タカモダン

日本語フォントメニュー名：A P-OTF タカモダン Min　文字セット：Min
英語フォントメニュー名：A P-OTF Takamodern Min
#デザイン書体 #モリサワ #小見出し #大見出し

永あ
あ

真っ赤なお鼻のピエロが曲芸を披露
デザインと文字の関係
3/19 RENEWAL OPEN!!
吾輩は猫である。名前はまだ無い。どこで生れたかとんと見当がつかぬ。何でも薄暗いじめじめした所でニャーニャー泣いていた事だけは記憶している。吾輩はここで始めて人間

焼きプリン
ギャグ漫画界の金字塔

あおぎす
なのぱも
アオサダ
ポミルン
AGag3

夢が叶う遊園地

楽しい
ユーモラス

トンネル

日本語フォントメニュー名：A P-OTF トンネル Min　文字セット：Min
英語フォントメニュー名：A P-OTF Tunnel Min
#デザイン書体 #モリサワ #大見出し

あ 細線　あ 太線

ポイっと捨てたらなんだかスッキリ
太線

デザインと文字の関係
太線

RENEWAL OPEN
太線

天体観測会
細線

ドタバタラブコメディ
太線

あおぎず
なのぱも
アオサダ
ポミルン
AGag3

開運図鑑
細線

夢が叶う遊園地
細線

Backflip Pro
ばっくふりっぷぷろ

日本語フォントメニュー名：Backflip Pro　文字セット：Pro（ラテン）
英語フォントメニュー名：Backflip Pro
#Display #モリサワ #短文 #小見出し #大見出し

Aa3

a Thin　a Light　a Regular
a Bold　a Heavy
a Thin Italic　a Light Italic　a Italic
a Bold Italic　a Heavy Italic

Enjoy every moment
Bold

As young readers like to know "HOW PEOPLE LOOK," we will take this moment to give them a little sketch of the four sisters, who sat knitting away in the twilight, *while the December snow fell quietly without, and the fire crackled cheerfully within.*
Regular & Italic

Summer Holiday Camp 2023
Bold Italic

Hamburgefonstiv 1726
Thin

Winter **Carnival**
Lihgt & Heavy

楽しい
軽快

新丸ゴ
しんまるご

日本語フォントメニュー名：A P-OTF 新丸ゴ Pr6N　文字セット：A-J1-7(Pr6N)
英語フォントメニュー名：A P-OTF Shin Maru Go Pr6N
#丸ゴシック体 #モリサワ #短文 #小見出し #大見出し

永あ
あ L　あ R　あ M　あ DB
あ B　あ H　あ U

あおぎす
なのぱも
アオサダ
ポミルン
AGag39

スタンプをためてメダルがもらえる L

デザインと文字の関係 DB

3/19 RENEWAL OPEN!! M

吾輩は猫である。名前はまだ無い。どこで生れたかとんと見当がつかぬ。何でも薄暗いじめじめした所でニャーニャー泣いていた事だけは記憶している。吾輩はここで始めて人間 R

スキー学習 U

巨大迷路で宝を探そう B

夢が叶う遊園地 H

ソフトゴシック

日本語フォントメニュー名：A P-OTF ソフトゴシック StdN　文字セット：A-J1-3(StdN)
英語フォントメニュー名：A P-OTF Soft Gothic StdN
#丸ゴシック体 #モリサワ #短文 #小見出し #大見出し

永あ
あ L　あ R　あ M　あ DB
あ B　あ H　あ U

あおぎす
なのぱも
アオサダ
ポミルン
AGag3

製本ワークショップで本づくり体験 L

デザインと文字の関係 DB

3/19 RENEWAL OPEN!! M

吾輩は猫である。名前はまだ無い。どこで生れたかとんと見当がつかぬ。何でも薄暗いじめじめした所でニャーニャー泣いていた事だけは記憶している。吾輩はここで始めて人間 R

絵本の世界 U

週末に行きたい美術館 B

夢が叶う遊園地 H

かわいい
楽しい 軽快
レトロ
物語性
和風
パワフル
やさしい
洗練
風格
信頼感
読ませる

楽しい
軽快

ヒラギノ丸ゴ
ひらぎのまるご

日本語フォントメニュー名：ヒラギノ丸ゴ StdN　文字セット：A-J1-3(StdN)
英語フォントメニュー名：Hiragino Maru Gothic StdN

#丸ゴシック体 #ヒラギノ #本文 #短文 #小見出し #大見出し

永あ

あ W2　あ W3　あ W4　あ W5
あ W6　あ W7　あ W8

あおぎす
なのぱも
アオサダ
ポミルン
AGag39

学園祭で実行委員をやりませんか？
W2

デザインと文字の関係
W7

3/19 RENEWAL OPEN!!
W4

吾輩は猫である。名前はまだ無い。どこで生れたかとんと見当がつかぬ。何でも薄暗いじめじめした所でニャーニャー泣いていた事だけは記憶している。吾輩はここで始めて人間
W3

イベント係
W6

レシピのアイデア大賞
W5

夢が叶う遊園地
W8

Role Soft Banner Pro
ろーるそふとばなーぷろ

日本語フォントメニュー名：Role Soft Banner Pro　文字セット：Pro（ラテン）
英語フォントメニュー名：Role Soft Banner Pro

#Rounded #モリサワ #短文 #小見出し #大見出し

Aa3

a Thin　a ExtraLight　a Light
a Regular　a Medium　a Bold
a ExtraBold　a Heavy　a Black
a Thin Italic　a ExtraLight Italic　a Light Italic
a Italic　a Medium Italic　a Bold Italic
a ExtraBold Italic　a Heavy Italic　a Black Italic

Enjoy every moment
Bold

AS YOUNG READERS LIKE TO KNOW "HOW PEOPLE LOOK," we will take this moment to give them a little sketch of the four sisters, who sat knitting away in the twilight, *while the December snow fell quietly without, and the fire crackled cheerfully within.*
Regular & Italic

Exciting family-friendly activities
Heavy Italic

Hamburgefonstiv 1726
Thin

Splendid **Weekend**
Lihgt & Black

タカハンド

very good

Tapir Pro

Backflip Pro

たかぎつぐみ

新丸ゴ

もりさわかな

おくむらけん

ららぽっぷ

レトロ
ハイカラ

ちさき

日本語フォントメニュー名：A P-OTF ちさき Min2　文字セット：Min2
英語フォントメニュー名：A P-OTF Chisaki Min2

#デザイン書体 #モリサワ #短文 #小見出し #大見出し

永あ

あ

あおぎす
なのぱも
アオサダ
ポミルン
AGag39

銀座のカフェーで煙草とウィスキー

デザインと文字の関係

Old Japanese Whiskey

吾輩は猫である。名前はまだ無い。どこで生れたかとんと見当がつかぬ。何でも薄暗いじめじめした所でニャーニャー泣いていた事だけは記憶している。吾輩はここで始めて人間

袴レンタル

座敷箒で畳の上を掃く

ビヰドロ喫茶室

くれたけ銘石
くれたけめいせき

日本語フォントメニュー名：A P-OTF くれたけ銘石 StdN　文字セット：A-J1-3(StdN)
英語フォントメニュー名：A P-OTF KuretakeMeiseki StdN

#ゴシック体 #モリサワ #短文 #小見出し #大見出し

永あ

あ

あおぎす
なのぱも
アオサダ
ポミルン
AGag39

洋風の髪型が広がり始めた大正末期

デザインと文字の関係

Old Japanese Whiskey

吾輩は猫である。名前はまだ無い。どこで生れたかとんと見当がつかぬ。何でも薄暗いじめじめした所でニャーニャー泣いていた事だけは記憶している。吾輩はここで始めて人間

古民家バル

赤本漫画ブームの時代

ビヰドロ喫茶室

レトロ
ハイカラ

モアリア

日本語フォントメニュー名：A P-OTF モアリア StdN　文字セット：A-J1-3(StdN)
英語フォントメニュー名：A P-OTF Moaria StdN
#デザイン書体 #モリサワ #短文 #小見出し #大見出し

永あ
あ あ
R B

あおぎす
なのぱも
アオサダ
ポミルン
AGag39

ブドウ糖を含んだ甘酒で夏バテ防止
R
デザインと文字の関係
B
Old Japanese Whiskey
R

吾輩は猫である。名前はまだ無い。どこで生れたかとんと見当がつかぬ。何でも薄暗いじめじめした所でニャーニャー泣いていた事だけは記憶している。吾輩はここで始めて人間
R

君ノ万年筆
B

化粧石鹸は一個十二銭
R

ビヰドロ喫茶室
B

ヒラギノ丸ゴ オールド
ひらぎのまるごおーるど

日本語フォントメニュー名：ヒラギノ丸ゴオールド StdN　文字セット：A-J1-3(StdN)
英語フォントメニュー名：Hiragino Sans Rd Old StdN
#丸ゴシック体 #ヒラギノ #短文 #小見出し #大見出し

永あ
あ あ あ
W4 W6 W8

あおぎす
なのぱも
アオサダ
ポミルン
AGag39

ハンカチ落としと缶蹴りで遊ぼうよ
W4
デザインと文字の関係
W6
Old Japanese Whiskey
W4

吾輩は猫である。名前はまだ無い。どこで生れたかとんと見当がつかぬ。何でも薄暗いじめじめした所でニャーニャー泣いていた事だけは記憶している。吾輩はここで始めて人間
W4

なみだの歌
W8

金魚すくいにりんご飴
W6

ビヰドロ喫茶室
W8

レトロ
ハイカラ

TBカリグラゴシック
てぃーびーかりぐらごしっく

日本語フォントメニュー名：TBカリグラゴシック Std　文字セット：A-J1-3(Std)
英語フォントメニュー名：TBCGothic Std

#デザイン書体 #タイプバンク #短文 #小見出し #大見出し

※RのみMorisawa Fontsに搭載

永あ
あ あ あ
R E U

列車のジオラマ展示は少年達に人気 R

デザインと文字の関係 R

Old Japanese Whiskey R

吾輩は猫である。名前はまだ無い。どこで生れたかとんと見当がつかぬ。何でも薄暗いじめじめした所でニャーニャー泣いていた事だけは記憶している。吾輩はここで始めて人間 R

旅の思ひ出 R

イワシの匂いで鬼除け R

あおぎす
なのぱも
アオサダ
ポミルン
AGag39

ビヰドロ喫茶室 R

游ゴシック体初号かな
ゆうごしっくたいしょごうかな

日本語フォントメニュー名：游ゴシック体初号かな　文字セット：-（かな書体）
英語フォントメニュー名：Yu Gothic Shogo Kana

#かなゴシック体 #字游工房 #短文 #小見出し #大見出し

※漢字は游ゴシック体

永あ
あ あ あ あ
L R M D
あ あ あ
B E H

幻灯機使用の写し絵目当てに寄席へ L

デザインと文字の関係 R

Old Japanese Whiskey M

吾輩は猫である。名前はまだ無い。どこで生れたかとんと見当がつかぬ。何でも薄暗いじめじめした所でニャーニャー泣いていた事だけは記憶している。吾輩はここで始めて人間 R

よもぎ蒸し E

ソーダ水はお好きかな B

あおぎす
なのぱも
アオサダ
ポミルン
AGag39

ビヰドロ喫茶室 H

レトロ
ハイカラ

墨東N＋
ぼくとうえぬぷらす

日本語フォントメニュー名：A P-OTF 墨東N+ ProN　文字セット：A-J1-4(ProN)
英語フォントメニュー名：A P-OTF BokutohN+ ProN
#ゴシック体 #モリサワ #短文 #小見出し #大見出し

永あ
あ あ あ あ
L R M DB
あ あ あ
B H U

あおぎす
なのぱも
アオサダ
ポミルン
AGag3

みんな寄っといで紙芝居が始まるよ
L

デザインと文字の関係
DB

Old Japanese Whiskey
R

吾輩は猫である。名前はまだ無い。どこで生れたかとんと見当がつかぬ。何でも薄暗いじめじめした所でニャーニャー泣いていた事だけは記憶している。吾輩はここで始めて人間
R

さすらい風
U

色褪せたホーロー看板
B

ビヰドロ喫茶室
H

ココン

日本語フォントメニュー名：A P-OTF ココン Min2　文字セット：Min2
英語フォントメニュー名：A P-OTF Kokon Min2
#デザイン書体 #モリサワ #短文 #小見出し #大見出し

永あ
あ

▶p.18

モダンガールの手にドレスグローブ

ビヰドロ喫茶室

タカモダン

日本語フォントメニュー名：A P-OTF タカモダン Min　文字セット：Min
英語フォントメニュー名：A P-OTF Takamodern Min
#デザイン書体 #モリサワ #小見出し #大見出し

永あ
あ

▶p.33

フィンガーウェーブのショートボブ

ビヰドロ喫茶室

レトロ

ロマンチック

翠流ネオロマン
すいりゅうねおろまん

日本語フォントメニュー名：A P-OTF 翠流ネオロマン StdN　文字セット：A-J1-3(StdN)
英語フォントメニュー名：A P-OTF SuiryuNeoroman StdN

#デザイン書体 #モリサワ #小見出し #大見出し

永あ
あ

プリンセスとカエルの王子のお伽噺
デザインと文字の関係
Old Japanese Whiskey

吾輩は猫である。名前はまだ無い。どこで生れたかとんと見当がつかぬ。何でも薄暗いじめじめした所でニャーニャー泣いていた事だけは記憶している。吾輩はここで始めて人間

欧風カリー
村人はみな星空に祈る

あおぎす
なのぱも
アオサダ
ポミルン
AGag3

ビヰドロ喫茶室

翠流デコロマン
すいりゅうでころまん

日本語フォントメニュー名：A P-OTF 翠流デコロマン StdN　文字セット：A-J1-3(StdN)
英語フォントメニュー名：A P-OTF SuiryuDecoroman StdN

#デザイン書体 #モリサワ #小見出し #大見出し

永あ
あ

リボンで髪をまとめてポニーテール
デザインと文字の関係
Old Japanese Whiskey

吾輩は猫である。名前はまだ無い。どこで生れたかとんと見当がつかぬ。何でも薄暗いじめじめした所でニャーニャー泣いていた事だけは記憶している。吾輩はここで始めて人間

ガラス細工
真っ赤なイチゴにキス

あおぎす
なのぱも
アオサダ
ポミルン
AGag3

ビヰドロ喫茶室

赤のアリス
あかのありす

日本語フォントメニュー名：TB赤のアリス Min2　文字セット：Min2
英語フォントメニュー名：TBRedAlice Min2
#デザイン書体 #タイプバンク #小見出し #大見出し

永あ
あ

あおぎす
なのぱも
アオサダ
ポミルン
AGag39

金木犀が香るオーデコロンを首筋に
デザインと文字の関係
Old Japanese Whiskey
吾輩は猫である。名前はまだ無い。どこで生れたかとんと見当がつかぬ。何でも薄暗いじめじめした所でニャーニャー泣いていた事だけは記憶している。吾輩はここで始めて人間

ヤマネコ堂

薔薇と純白の慕情咲く

ビヰドロ喫茶室

白のアリス
しろのありす

日本語フォントメニュー名：TB白のアリス Min2　文字セット：Min2
英語フォントメニュー名：TBWhiteAlice Min2
#デザイン書体 #タイプバンク #小見出し #大見出し

永あ
あ

あおぎす
なのぱも
アオサダ
ポミルン
AGag39

ダフネーの体は月桂樹へと変化した
デザインと文字の関係
Old Japanese Whiskey
吾輩は猫である。名前はまだ無い。どこで生れたかとんと見当がつかぬ。何でも薄暗いじめじめした所でニャーニャー泣いていた事だけは記憶している。吾輩はここで始めて人間

王室御用達

ロミオとジュリエット

ビヰドロ喫茶室

レトロ
ロマンチック

オズ

日本語フォントメニュー名：TBオズ Min2　文字セット：Min2
英語フォントメニュー名：TBOz Min2

#デザイン書体　#タイプバンク　#小見出し　#大見出し

永あ

あ

アフターディナーティーを淹れてよ

デザインと文字の関係

Old Japanese Whiskey

吾輩は猫である。名前はまだ無い。どこで生れたかとんと見当がつかぬ。何でも薄暗いじめじめした所でニャーニャー泣いていた事だけは記憶している。吾輩はここで始めて人間

西洋絵画展

ワインより酔いしれて

あおぎす
なのばも
アオサダ
ボミルン
AGag39

ビギドロ喫茶室

Zingha Pro
じんはーぷろ

日本語フォントメニュー名：Zingha Pro　文字セット：Pro（ラテン）
英語フォントメニュー名：Zingha Pro

#Serif　#モリサワ　#本文　#短文　#小見出し　#大見出し

Aa3

a Regular　a Medium　a Bold

a Bold Deco

a Italic　*a* Medium Italic　*a* Bold Italic

a Bold Deco Italic

Queen of Romance

Medium

AS YOUNG READERS LIKE TO KNOW "HOW PEOPLE LOOK," we will take this moment to give them a little sketch of the four sisters, who sat knitting away in the twilight, *while the December snow fell quietly without, and the fire crackled cheerfully within.*

Regular & Italic

True love stories never have endings

Bold Italic

Hamburgefonstiv 1726

Regular

Vintage Wine

Bold Deco Italic

翠流デコロマン

白のアリス、Zingha Pro

エレガント
薔薇
美顔水

物語性
神秘的

オーブ

日本語フォントメニュー名：TBオーブ Std　文字セット：A-J1-3(Std)
英語フォントメニュー名：TBOrb Std
#デザイン書体 #タイプバンク #短文 #小見出し #大見出し

永あ
あ

あおぎす
なのぱも
アオサダ
ポミルン
AGag3

眼前に広がったのは深山幽谷の風景
デザインと文字の関係
Full Moon Mysteries
吾輩は猫である。名前はまだ無い。どこで生れたかとんと見当がつかぬ。何でも薄暗いじめじめした所でニャーニャー泣いていた事だけは記憶している。吾輩はここで始めて人間というものを見た。しかもあとで聞くとそ

伝説の神殿
生活に息づく陰陽五行

剣と魔法の物語

ラピスメルト

日本語フォントメニュー名：A P-OTF ラピスメルト Min2　文字セット：Min2
英語フォントメニュー名：A P-OTF LapisMelt Min2
#デザイン書体 #モリサワ #短文 #小見出し #大見出し

永あ
あ あ あ
L M B

あおぎす
なのぱも
アオサダ
ポミルン
AGag3

森の奥にひっそりと棲むユニコーン
L
デザインと文字の関係
M
Full Moon Mysteries
M
吾輩は猫である。名前はまだ無い。どこで生れたかとんと見当がつかぬ。何でも薄暗いじめじめした所でニャーニャー泣いていた事だけは記憶している。吾輩はここで始めて人間というものを見た。しかもあとで聞くとそれは書
L

銀河系探索
B
勇敢なる英雄テセウス
L

剣と魔法の物語
B

物語性
神秘的

陸隷
りくれい

日本語フォントメニュー名：A P-OTF 陸隷 StdN　文字セット：A-J1-3(StdN)
英語フォントメニュー名：A P-OTF Likurei StdN

#筆書体 #モリサワ #短文 #小見出し #大見出し

永あ

あ

あおぎす
なのぱも
アオサダ
ポミルン
AGag39

読み継がれる伝奇小説「桃花源記」

デザインと文字の関係

Full Moon Mysteries

吾輩は猫である。名前はまだ無い。どこで生れたかとんと見当がつかぬ。何でも薄暗いじめじめした所でニャーニャー泣いていた事だけは記憶している。吾輩はここで始めて人間

ミステリー

世界中にある七不思議

剣と魔法の物語

花胡蝶
はなこちょう

日本語フォントメニュー名：RA花胡蝶 Std　文字セット：A-J1-3(Std)
英語フォントメニュー名：RA HanaKocho Std

#筆書体 #タイプバンク #本文 #短文 #小見出し #大見出し

永あ

あ あ あ
L M B

あおぎす
なのぱも
アオサダ
ポミルン
AGag39

常世と現世つなぐ幽幻ファンタジー L

デザインと文字の関係 M

Full Moon Mysteries M

吾輩は猫である。名前はまだ無い。どこで生れたかとんと見当がつかぬ。何でも薄暗いじめじめした所でニャーニャー泣いていた事だけは記憶している。吾輩はここで始めて人間 L

摩訶不思議 B

夢の中で胡蝶と出会う M

剣と魔法の物語 B

物語性
神秘的

エコー

日本語フォントメニュー名：TBエコー Std　文字セット：A-J1-3(Std)
英語フォントメニュー名：TBEcho Std

#デザイン書体 #タイプバンク #短文 #小見出し #大見出し

永あ
あ あ あ
L R B

▶p.95

西洋画に描かれた巨大なノアの方舟 L

剣と魔法の物語 B

オズ

日本語フォントメニュー名：TBオズ Min2　文字セット：Min2
英語フォントメニュー名：TBOz Min2

#デザイン書体 #タイプバンク #小見出し #大見出し

永あ
あ

▶p.44

捨てられたミノス王の娘アリアドネ

剣と魔法の物語

LatinMO Pro
らてんえむおーぷろ

日本語フォントメニュー名：LatinMO Pro　文字セット：Pro（ラテン）
英語フォントメニュー名：LatinMO Pro

#Serif #モリサワ #短文 #小見出し #大見出し

Aa3

a a a
Light Regular Bold

a a a
Light Italic Italic Bold Italic

The Twelve Zodiac Signs Bold

As young readers like to know "HOW PEOPLE LOOK," we will take this moment to give them a little sketch of the four sisters, who sat knitting away in the twilight, *while the December snow fell quietly without, and the fire crackled cheerfully within.* Regular & Italic

Weekly Tarot Card Readings Bold Italic

Hamburgefonstiv 1726 Light

Destiny **of Love** Light & Bold

翠流アトラス
すいりゅうあとらす

日本語フォントメニュー名：A P-OTF 翠流アトラス StdN　文字セット：A-J1-3(StdN)
英語フォントメニュー名：A P-OTF SuiryuAtlas StdN

#デザイン書体 #モリサワ #小見出し #大見出し

永あ
あ あ あ
R M B

テラフォーミングをねらい惑星探索
R

デザインと文字の関係
M

Full Moon Mysteries
M

吾輩は猫である。名前はまだ無い。どこで生れたかとんと見当がつかぬ。何でも薄暗いじめじめした所でニャーニャー泣いていた事だけは記憶している。吾輩はここで始めて人間
R

天王星旅行
B

電脳ロボット戦闘兵器
M

あおぎす
なのぱも
アオサダ
ポミルン
AGag3

剣と魔法の物語
B

ラピスエッジ

日本語フォントメニュー名：A P-OTF ラピスエッジ Min2　文字セット：Min2
英語フォントメニュー名：A P-OTF LapisEdge Min2

#デザイン書体 #モリサワ #短文 #小見出し #大見出し

永あ
あ あ あ
L M B

地球を知らない月面コロニーの子供
L

デザインと文字の関係
M

Full Moon Mysteries
M

吾輩は猫である。名前はまだ無い。どこで生れたかとんと見当がつかぬ。何でも薄暗いじめじめした所でニャーニャー泣いていた事だけは記憶している。吾輩はここで始めて人間というものを見た。しかもあとで聞くとそれは書
L

未確認生物
B

人工冬眠カプセル解除
L

あおぎす
なのぱも
アオサダ
ポミルン
AGag3

剣と魔法の物語
B

物語性

近未来

アルデオ

日本語フォントメニュー名：A P-OTF アルデオ Min2　文字セット：Min2
英語フォントメニュー名：A P-OTF Ardeo Min2

#デザイン書体 #モリサワ #短文 #小見出し #大見出し

永あ
あ

超高密度！天体ブラックホールの謎

デザインと文字の関係

Full Moon Mysteries

吾輩は猫である。名前はまだ無い。どこで生れたかとんと見当がつかぬ。何でも薄暗いじめじめした所でニャーニャー泣いていた事だけは記憶している。吾輩はここで始めて人間

解き明かせ

最新燃料電池で大実験

あおぎす
なのぱも
アオサダ
ポミルン
AGag

剣と魔法の物語

ボルクロイド

日本語フォントメニュー名：A P-OTF ボルクロイド Min2　文字セット：Min2
英語フォントメニュー名：A P-OTF Bolcroid Min2

#デザイン書体 #モリサワ #大見出し

▶p.76

ボタンを押して次のステージに進む

剣と魔法の物語

カクミン

日本語フォントメニュー名：A P-OTF カクミン ProN　文字セット：A-J1-4(ProN)
英語フォントメニュー名：A P-OTF Kakumin ProN

#デザイン書体 #モリサワ #短文 #小見出し #大見出し

永あ
あ あ あ あ
R M B H

▶p.99

果たしてナゾの物体の正体や如何に
R

剣と魔法の物語
M

G2サンセリフ
じーつーさんせりふ

日本語フォントメニュー名：RoG2サンセリフStdN　文字セット：A-J1-3(StdN)
英語フォントメニュー名：Ro GSan Serif StdN
#デザイン書体 #タイプバンク #小見出し #大見出し

永あ
あ あ
B U

観測史上最大級の彗星が地球に接近
B

デザインと文字の関係
U

Full Moon Mysteries
B

吾輩は猫である。名前はまだ無い。どこで生れたかとんと見当がつかぬ。何でも薄暗いじめじめした所でニャーニャー泣いていた事だけは記憶している。吾輩はここで始めて人間
B

開発エリア
U

惑星間スペースバトル
B

あおぎす
なのぱも
アオサダ
ポミルン
AGag3

剣と魔法の物語
U

フォーク

日本語フォントメニュー名：A P-OTF フォーク ProN　文字セット：A-J1-4(ProN)
英語フォントメニュー名：A P-OTF Folk ProN
#デザイン書体 #モリサワ #短文 #小見出し #大見出し

永あ
あ あ あ あ
R M B H

▶p.98

初恋の少女そっくりのアンドロイド
M

剣と魔法の物語
H

タイプラボN+
たいぷらぼえぬぷらす

日本語フォントメニュー名：A P-OTF タイプラボN+ ProN　文字セット：A-J1-4(ProN)
英語フォントメニュー名：A P-OTF TypelaboN+ ProN
#ゴシック体 #モリサワ #短文 #小見出し #大見出し

永あ
あ あ あ あ
L R M DB
あ あ あ
B H U

▶p.99

はるか宇宙の果てをバーチャル体験
M

剣と魔法の物語
B

物語性
ホラー

月下香
げっかこう

日本語フォントメニュー名：A P-OTF 月下香 Min2　文字セット：Min2
英語フォントメニュー名：A P-OTF Gekkako Min2
#デザイン書体 #モリサワ #小見出し #大見出し

永あ
あ

あおぎす
なのぱも
アオサダ
ポミルン
AGag39

驚愕のラスト、新感覚のサスペンス
デザインと文字の関係
Full Moon Mysteries
吾輩は猫である。名前はまだ無い。どこで生れたかとんと見当がつかぬ。何でも薄暗いじめじめした所でニャーニャー泣いていた事だけは記憶している。吾輩はここで始めて人間

禁断の儀式
今宵冥界への扉が開く

剣と魔法の物語

うたよみ

日本語フォントメニュー名：A P-OTF うたよみ StdN　文字セット：A-J1-3(StdN)
英語フォントメニュー名：A P-OTF Utayomi StdN
#デザイン書体 #モリサワ #短文 #小見出し #大見出し

永あ
あ

あおぎす
なのぱも
アオサダ
ポミルン
AGag39

丑の刻に井戸から現れた女中の幽霊
デザインと文字の関係
Full Moon Mysteries
吾輩は猫である。名前はまだ無い。どこで生れたかとんと見当がつかぬ。何でも薄暗いじめじめした所でニャーニャー泣いていた事だけは記憶している。吾輩はここで始めて人間

廃墟と暗闇
あなただけが知らない

剣と魔法の物語

物語性
ホラー

花牡丹
はなぼたん

日本語フォントメニュー名：RA花牡丹 Std　文字セット：A-J1-3(Std)
英語フォントメニュー名：RA HanaBotan Std

#筆書体　#タイプバンク　#小見出し　#大見出し

永あ

あ

魑魅魍魎の妖怪達が跋扈する真夜中

デザインと文字の関係

Full Moon Mysteries

吾輩は猫である。名前はまだ無い。どこで生れたかとんと見当がつかぬ。何でも薄暗いじめじめした所でニャーニャー泣いていた事だけは記憶している。吾輩はここで始めて人間

見知らぬ顔

ポルターガイスト現象

あおぎす
なのぱも
アオサダ
ポミルン
AGag39

剣と魔法の物語

隷書101
れいしょいちまるいち

日本語フォントメニュー名：A P-OTF 隷書101 StdN　文字セット：A-J1-3(StdN)
英語フォントメニュー名：A P-OTF Reisho 101 StdN

#筆書体　#モリサワ　#小見出し　#大見出し

永あ

あ

百物語の最後のロウソクを吹き消す

デザインと文字の関係

Full Moon Mysteries

吾輩は猫である。名前はまだ無い。どこで生れたかとんと見当がつかぬ。何でも薄暗いじめじめした所でニャーニャー泣いていた事だけは記憶している。吾輩はここで始めて人間

ゾンビ映画

テケテケがついてくる

あおぎす
なのぱも
アオサダ
ポミルン
AGag3

剣と魔法の物語

物語性

ホラー

TB古印体
てぃーびーこいんたい

日本語フォントメニュー名：RoTB古印体Std　文字セット：A-J1-3(Std)
英語フォントメニュー名：Ro Kointai Std

#筆書体　#タイプバンク　#小見出し　#大見出し

永あ

あ

あおぎす
なのぱも
アオサダ
ポミルン
AGag3

血まみれの手の跡がべったり残った

デザインと文字の関係

Full Moon Mysteries

吾輩は猫である。名前はまだ無い。どこで生れたかとんと見当がつかぬ。何でも薄暗いじめじめした所でニャーニャー泣いていた事だけは記憶している。吾輩はここで始めて人間

開かずの扉

鏡に映りこんだ謎の影

剣と魔法の物語

げんろく志安
げんろくしあん

日本語フォントメニュー名：A P-OTF げんろく志安 StdN　文字セット：A-J1-3(StdN)
英語フォントメニュー名：A P-OTF GenrokuShian StdN

#デザイン書体　#モリサワ　#短文　#小見出し　#大見出し

永あ

あ

▶p.109

柳の木の下に隠れているのはだあれ

剣と魔法の物語

秀英にじみ四号かな
しゅうえいにじみよんごうかな

日本語フォントメニュー名：A P-OTF 秀英にじみ四号 StdN　文字セット：A-J1-3(StdN)
英語フォントメニュー名：A P-OTF Shuei N4goKana StdN

#明朝体　#モリサワ　#短文　#小見出し　#大見出し

永あ

あ

▶p.103

海岸に書き残されたあるメッセージ

剣と魔法の物語

物語性
語り口調

くろまめ

日本語フォントメニュー名：A P-OTF くろまめ StdN　文字セット：A-J1-3(StdN)
英語フォントメニュー名：A P-OTF Kuromame StdN

#デザイン書体　#モリサワ　#短文　#小見出し　#大見出し

最旬トレンドの春メイクをチェック
デザインと文字の関係
Full Moon Mysteries

吾輩は猫である。名前はまだ無い。どこで生れたかとんと見当がつかぬ。何でも薄暗いじめじめした所でニャーニャー泣いていた事だけは記憶している。吾輩はここで始めて人間

胸キュンなラブソング
あそぼうよ

あおぎす
なのぱも
アオサダ
ポミルン
AGag3

剣と魔法の物語

シネマレター

日本語フォントメニュー名：A P-OTF シネマレター StdN　文字セット：A-J1-3(StdN)
英語フォントメニュー名：A P-OTF CinemaLetter StdN

#デザイン書体　#モリサワ　#短文　#小見出し　#大見出し

永あ
あ

次に会える日曜まで待ちきれないわ
デザインと文字の関係
Full Moon Mysteries

吾輩は猫である。名前はまだ無い。どこで生れたかとんと見当がつかぬ。何でも薄暗いじめじめした所でニャーニャー泣いていた事だけは記憶している。吾輩はここで始めて人間

まずは合言葉を聞こう
素敵な人ね

あおぎす
なのぱも
アオサダ
ポミルン
AGag3

剣と魔法の物語

かわいい
楽しい
レトロ
物語性 語り口調
和風
パワフル
やさしい
洗練
風格
信頼感
読ませる

物語性
語り口調

トーキング

日本語フォントメニュー名：A P-OTF トーキング StdN　文字セット：A-J1-3(StdN)
英語フォントメニュー名：A P-OTF Talking StdN

#デザイン書体 #モリサワ #短文 #小見出し #大見出し

永あ
あ

あおぎす
なのぱも
アオサダ
ポミルン
AGag39

どっちのニュースから聞きたいかな
デザインと文字の関係
Full Moon Mysteries
吾輩は猫である。名前はまだ無い。どこで生れたかとんと見当がつかぬ。何でも薄暗いじめじめした所でニャーニャー泣いていた事だけは記憶している。吾輩はここで始めて人間

話をしよう
仲間と孤島で生き残れ

剣と魔法の物語

秀英にじみアンチック
しゅうえいにじみあんちっく

日本語フォントメニュー名：A P-OTF 秀英にじみアンチStdN　文字セット：A-J1-3(StdN)
英語フォントメニュー名：A P-OTF Shuei NAnti StdN

#明朝体 #モリサワ #短文 #小見出し #大見出し

永あ
あ

あおぎす
なのぱも
アオサダ
ポミルン
AGag39

魔女の森に狼は入れないはずなのに
デザインと文字の関係
Full Moon Mysteries
吾輩は猫である。名前はまだ無い。どこで生れたかとんと見当がつかぬ。何でも薄暗いじめじめした所でニャーニャー泣いていた事だけは記憶している。吾輩はここで始めて人間

本当かい？
小僧なかなかの腕前だ

剣と魔法の物語

森澤太郎
Morisawa Taro

オズ

密室
あかずの部屋
日本トリック研究所/編

完全犯罪
は可能か!?
地上五十二階、
病院の集中治療室で、
犯人はどのように
侵入したのか…!
驚きの6事例収録!!

TB古印体

恋の♡
お悩み
相談室
FMモリサワ 編・著

くろまめ

スチームパンク・ユートピア
steampunk utopia
taro morisawa 森澤太郎
人体と蒸気機関の
融合は可能か…?
心躍るSF小説傑作!

ラピスエッジ

和風
実直

史仙堂楷書体
しせんどうかいしょたい

日本語フォントメニュー名：史仙堂楷書体 StdN　文字セット：A-J1-3(StdN)
英語フォントメニュー名：Shisendo Kaisho StdN

#筆書体 #字游工房 #短文 #小見出し #大見出し

永あ
あ

万葉がなにふれてよみとく和歌の会
デザインと文字の関係
Autumn Sky of Kyoto

芸術功労賞

厚く御礼申し上げます

あおぎす
なのぱも
アオサダ
ポミルン
AGag39

恭賀新年

大名屋敷と庭園

ヒラギノ行書
ひらぎのぎょうしょ

日本語フォントメニュー名：ヒラギノ行書 StdN　文字セット：A-J1-3(StdN)
英語フォントメニュー名：Hiragino Gyosyo StdN

#筆書体 #ヒラギノ #短文 #小見出し #大見出し

永あ
あ W4　あ W8

古事記のヤマトタケル伝説を紐解く W4
デザインと文字の関係 W8
Autumn Sky of Kyoto W4

吾輩は猫である。名前はまだ無い。どこで生れたかとんと見当がつかぬ。何でも薄暗いじめじめした所でニャーニャー泣いていた事だけは記憶している。吾輩はここで始めて人間 W4

暑中見舞い W8

三傑が主導の倒幕運動 W4

あおぎす
なのぱも
アオサダ
ポミルン
AGag39

大名屋敷と庭園 W8

和風
実直

羽衣
はごろも

日本語フォントメニュー名：Ro羽衣Std　文字セット：A-J1-3(Std)
英語フォントメニュー名：Ro Hagoromo Std

#筆書体 #タイプバンク #短文 #小見出し #大見出し

永あ

あ あ
M B

サーベル状に誂えた名刀・小竜景光
M

デザインと文字の関係
B

Autumn Sky of Kyoto
M

吾輩は猫である。名前はまだ無い。どこで生れたかとんと見当がつかぬ。何でも薄暗いじめじめした所でニャーニャー泣いていた事だけは記憶している。吾輩はここで始めて人間
M

お歳暮受付
B

東洋で初のメトロ開業
M

あおぎす
なのぱも
アオサダ
ポミルン
AGag39

大名屋敷と庭園
B

篠
しの

日本語フォントメニュー名：Ro篠Std　文字セット：A-J1-3(Std)
英語フォントメニュー名：Ro Shino Std

#筆書体 #タイプバンク #短文 #小見出し #大見出し

※JIS第2水準の文字が1,932字不足しています

永あ

あ あ
M B

日本におけるモダニズム建築の始祖
M

デザインと文字の関係
B

Autumn Sky of Kyoto
M

吾輩は猫である。名前はまだ無い。どこで生れたかとんと見当がつかぬ。何でも薄暗いじめじめした所でニャーニャー泣いていた事だけは記憶している。吾輩はここで始めて人間
M

贈答用和梨
B

大正デモクラシー運動
M

あおぎす
なのぱも
アオサダ
ポミルン
AGag39

大名屋敷と庭園
B

和風
実直

角新行書
かくしんぎょうしょ

日本語フォントメニュー名：A P-OTF 角新行書 StdN　文字セット：A-J1-3(StdN)
英語フォントメニュー名：A P-OTF KakushinGyousho StdN

#筆書体 #モリサワ #小見出し #大見出し

永あ

あ L　あ M

あおぎす
なのぱも
アオサダ
ポミルン
AGag39

黒船来航を端緒とする日本の近代化 L

デザインと文字の関係 M

Autumn Sky of Kyoto L

吾輩は猫である。名前はまだ無い。どこで生れたかとんと見当がつかぬ。何でも薄暗いじめじめした所でニャーニャー泣いていた事だけは記憶している。吾輩はここで始めて人間 L

有形文化財 M

八十八の札所をめぐる L

大名屋敷と庭園 M

日活正楷書体
にっかつせいかいしょたい

日本語フォントメニュー名：Ro日活正楷書体Std　文字セット：A-J1-3(Std)
英語フォントメニュー名：Ro Nikkatsu Sei Kai Std

#筆書体 #タイプバンク #短文 #小見出し #大見出し

永あ

あ

▶p.122

箏の名手を訪ねて、その真髄を問う

大名屋敷と庭園

新正楷書CBSK1
しんせいかいしょしいびいえすけいわん

日本語フォントメニュー名：A P-OTF 新正楷書CBSK1 Pr5N　文字セット：A-J1-5(Pr5N)
英語フォントメニュー名：A P-OTF ShinseiKaiCBSK1 Pr5N

#筆書体 #モリサワ #短文 #小見出し #大見出し

永あ

あ

▶p.118

侘び寂びを感じさせる美しい枯山水

大名屋敷と庭園

和風
豪快

剣閃
けんせん

日本語フォントメニュー名：A P-OTF 剣閃 StdN　文字セット：A-J1-3(StdN)
英語フォントメニュー名：A P-OTF Kensen StdN
#デザイン書体 #モリサワ #大見出し

永あ
あ

鬼哭啾啾の戦に一歩たりとも退かぬ
デザインと文字の関係
Matcha Chocolate

疾風雷神伝
肉汁たっぷりうどん膳

あおぎす
なのぱも
アオサダ
ポミルン
AGag39

気炎万丈
大名屋敷と庭園

楷書MCBK1
かいしょえむしいびいけいわん

日本語フォントメニュー名：A P-OTF 楷書MCBK1 ProN　文字セット：A-J1-4(ProN)
英語フォントメニュー名：A P-OTF Kaisho MCBK1 ProN
#筆書体 #モリサワ #大見出し

永あ
あ

主人公は背中で語る情にもろい大男
デザインと文字の関係
Matcha Chocolate

純米大吟醸
決まり手は一本背負い

あおぎす
なのぱも
アオサダ
ポミルン
AGag3

横綱昇進
大名屋敷と庭園

和風

豪快

銀龍
ぎんりゅう

日本語フォントメニュー名：A_KSO 銀龍　文字セット：A-J1-3(Std)
英語フォントメニュー名：A_KsoGinryu

#デザイン書体 #昭和書体 #大見出し

※収録されている文字は、ひらがな、カタカナ、第一水準・第二水準の漢字、英数字と記号類を含む6,879文字です

永あ
あ

開局30周年記念時代劇スペシャル
デザインと文字の関係
Matcha Chocolate
時代活劇
大名屋敷と庭園

武士の精神
空手大会チャンピオン

あおぎす
なのぱも
アオサダ
ポミルン
AGag39

闘龍
とうりゅう

日本語フォントメニュー名：A_KSO 闘龍　文字セット：A-J1-3(Std)
英語フォントメニュー名：A_KsoTouryu

#デザイン書体 #昭和書体 #大見出し

※収録されている文字は、ひらがな、カタカナ、第一水準・第二水準の漢字、英数字と記号類を含む6,879文字です

永あ
あ

大戦乱！エイリアン VS サムライ
デザインと文字の関係
Matcha Chocolate

大名屋敷と庭園

らあ麺道場
鬼を討ち取る戦国武将

あおぎす
なのぱも
アオサダ
ポミルン
AGag39

和風
たおやか

白妙 オールド
しろたえおーるど

日本語フォントメニュー名：A P-OTF 白妙 オールド StdN　文字セット：A-J1-3(StdN)
英語フォントメニュー名：A P-OTF Shirotae Old StdN
#デザイン書体 #モリサワ #短文 #小見出し #大見出し

永あ
あ あ
L M

細きわがうなじにあまる御手のべて
L
デザインと文字の関係
M
Autumn Sky of Kyoto
L
吾輩は猫である。名前はまだ無い。どこで生れたかとんと見当がつかぬ。何でも薄暗いじめじめした所でニャーニャー泣いていた事だけは記憶している。吾輩はここで始めて人間
L

あずき茶屋
M
わが恋を如何に答へん
L

あおぎす
なのぱも
アオサダ
ポミルン
AGag39

大名屋敷と庭園
M

解ミン 月
かいみんつき

日本語フォントメニュー名：A P-OTF 解ミン 月 StdN　文字セット：A-J1-3(StdN)
英語フォントメニュー名：A P-OTF Kaimin Tsuki StdN
#デザイン書体 #モリサワ #短文 #小見出し #大見出し

永あ
あ あ あ あ
R M B H

北海道開拓と入植の歴史をたどった
R
デザインと文字の関係
B
Autumn Sky of Kyoto
R
吾輩は猫である。名前はまだ無い。どこで生れたかとんと見当がつかぬ。何でも薄暗いじめじめした所でニャーニャー泣いていた事だけは記憶している。吾輩はここで始めて人間
R

干支だるま
B
三味線を披露する芸妓
M

あおぎす
なのぱも
アオサダ
ポミルン
AGag39

大名屋敷と庭園
H

かわいい
楽しい
レトロ
物語性
和風 たおやか
パワフル
やさしい
洗練
風格
信頼感
読ませる

和風
たおやか

さくらぎ蛍雪
さくらぎけいせつ

日本語フォントメニュー名：A P-OTF さくらぎ蛍雪 StdN　文字セット：A-J1-3(StdN)
英語フォントメニュー名：A P-OTF SakuraKeisetsu StdN
#筆書体 #モリサワ #本文 #短文 #小見出し #大見出し

永あ
あ

あおぎす
なのぱも
アオサダ
ポミルン
AGag39

拝殿前で二礼二拍手一礼にて参拝す
デザインと文字の関係
Autumn Sky of Kyoto
吾輩は猫である。名前はまだ無い。どこで生れたかとんと見当がつかぬ。何でも薄暗いじめじめした所でニャーニャー泣いていた事だけは記憶している。吾輩はここで始めて人間

湯の宿薫屋
蓮は極楽浄土に咲く花

大名屋敷と庭園

みちくさ

日本語フォントメニュー名：A P-OTF みちくさ StdN　文字セット：A-J1-3(StdN)
英語フォントメニュー名：A P-OTF Michikusa StdN
#デザイン書体 #モリサワ #短文 #小見出し #大見出し

永あ
あ

あおぎす
なのぱも
アオサダ
ポミルン
AGag39

雨に濡れそぼった烏色のロングヘア
デザインと文字の関係
Autumn Sky of Kyoto
吾輩は猫である。名前はまだ無い。どこで生れたかとんと見当がつかぬ。何でも薄暗いじめじめした所でニャーニャー泣いていた事だけは記憶している。吾輩はここで始めて人間

ものがたり
鮮やかで美しい和菓子

大名屋敷と庭園

和風
たおやか

錦麗行書
きんれいぎょうしょ

日本語フォントメニュー名：A P-OTF 錦麗行書 StdN　文字セット：A-J1-3(StdN)
英語フォントメニュー名：A P-OTF KinreiGyosho StdN

#筆書体 #モリサワ #短文 #小見出し #大見出し

永あ
あ

あおぎす
なのぱも
アオサダ
ポミルン
AGag39

十二単で姫様になれる和ブライダル
デザインと文字の関係
Autumn Sky of Kyoto

吾輩は猫である。名前はまだ無い。どこで生れたかとんと見当がつかぬ。何でも薄暗いじめじめした所でニャーニャー泣いていた事だけは記憶している。吾輩はここで始めて人間

京の手土産

絹のショールを巻いて

大名屋敷と庭園

澄月
ちょうげつ

日本語フォントメニュー名：A P-OTF 澄月 Min2　文字セット：Min2
英語フォントメニュー名：A P-OTF Chougetsu Min2

#デザイン書体 #モリサワ #短文 #小見出し #大見出し

永あ
あ

あおぎす
なのぱも
アオサダ
ポミルン
AGag39

芍薬のごとく凛とした立居振る舞い
デザインと文字の関係
Autumn Sky of Kyoto

吾輩は猫である。名前はまだ無い。どこで生れたかとんと見当がつかぬ。何でも薄暗いじめじめした所でニャーニャー泣いていた事だけは記憶している。吾輩はここで始めて人間というものを見た。

夜桜咲く春

燃えるように美しい舞

大名屋敷と庭園

和風

軽やか

小琴京かな
こきんきょうかな

日本語フォントメニュー名：A P-OTF 小琴京かな StdN　文字セット：A-J1-3(StdN)
英語フォントメニュー名：A P-OTF KokinKyokana StdN

#デザイン書体 #モリサワ #短文 #小見出し #大見出し

永あ

あ

あおぎす
なのぱも
アオサダ
ポミルン
AGag39

百貨店の歳末大売り出し案内絵葉書

デザインと文字の関係

Autumn Sky of Kyoto

吾輩は猫である。名前はまだ無い。どこで生れたかとんと見当がつかぬ。何でも薄暗いじめじめした所でニャーニャー泣いていた事だけは記憶している。吾輩はここで始めて人間

山菜天ぷら

ナポリタンは横浜発祥

大名屋敷と庭園

武蔵野
むさしの

日本語フォントメニュー名：A P-OTF 武蔵野 StdN　文字セット：A-J1-3(StdN)
英語フォントメニュー名：A P-OTF Musashino StdN

#デザイン書体 #モリサワ #短文 #小見出し #大見出し

永あ

あ

あおぎす
なのぱも
アオサダ
ポミルン
AGag39

重要文化財であるビリヤードルーム

デザインと文字の関係

Autumn Sky of Kyoto

吾輩は猫である。名前はまだ無い。どこで生れたかとんと見当がつかぬ。何でも薄暗いじめじめした所でニャーニャー泣いていた事だけは記憶している。吾輩はここで始めて人間

浅葱色の帯

コンバーター式万年筆

大名屋敷と庭園

和風
軽やか

はせ筆
はせふで

日本語フォントメニュー名：A P-OTF はせ筆 StdN　文字セット：A-J1-3(StdN)
英語フォントメニュー名：A P-OTF Hasefude StdN

#デザイン書体 #モリサワ #短文 #小見出し #大見出し

永あ

あ

あおぎす
なのぱも
アオサダ
ポミルン
AGag39

暑い季節にぴったりな涼を運ぶ扇子

デザインと文字の関係

Autumn Sky of Kyoto

吾輩は猫である。名前はまだ無い。どこで生れたかとんと見当がつかぬ。何でも薄暗いじめじめした所でニャーニャー泣いていた事だけは記憶している。吾輩はここで始めて人間

ふれあい市

イブニングドレス特集

大名屋敷と庭園

那欽
なちん

日本語フォントメニュー名：A P-OTF 那欽 StdN　文字セット：A-J1-3(StdN)
英語フォントメニュー名：A P-OTF Nachin StdN

#デザイン書体 #モリサワ #短文 #小見出し #大見出し

永あ

あ

あおぎす
なのぱも
アオサダ
ポミルン
AGag3

鹿鳴館の舞踏会ファンシー・ボール

デザインと文字の関係

Autumn Sky of Kyoto

吾輩は猫である。名前はまだ無い。どこで生れたかとんと見当がつかぬ。何でも薄暗いじめじめした所でニャーニャー泣いていた事だけは記憶している。吾輩はここで始めて人間

割烹ほたる

懐かしのあいすくりん

大名屋敷と庭園

和風
粋

勘亭流
かんていりゅう

日本語フォントメニュー名：A P-OTF 勘亭流 StdN　文字セット：A-J1-3(StdN)
英語フォントメニュー名：A P-OTF Kanteiryu StdN

#筆書体 #モリサワ #大見出し

あ

お囃子が奏でられ高座に上がる芸人

デザインと文字の関係

Matcha Chocolate

満員御礼

粋でいなせ

顔見世興行のチケット

あおぎす
なのぱも
アオサダ
ポミルン
AGag39

大名屋敷と庭園

游勘亭流
ゆうかんていりゅう

日本語フォントメニュー名：游勘亭流 OTF　文字セット：第一水準漢字+
英語フォントメニュー名：Yu Kantei OTF

#筆書体 #字游工房 #大見出し

あ

江戸の火消しチームいろは四十八組

デザインと文字の関係

Matcha Chocolate

よさこい祭

全日本相撲選手権開催

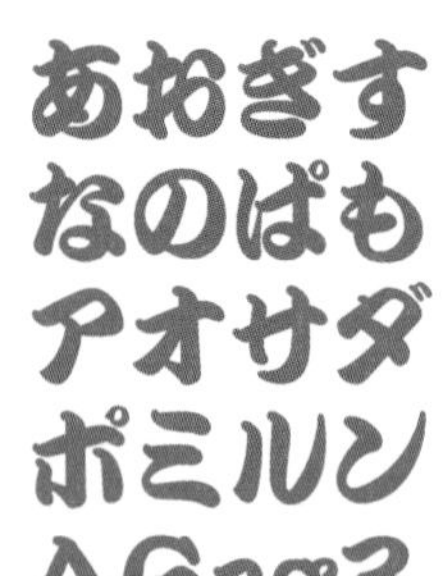

ひげ文字
ひげもじ

日本語フォントメニュー名：A P-OTF ひげ文字 StdN　文字セット：A-J1-3(StdN)
英語フォントメニュー名：A P-OTF Higemoji StdN

#筆書体 #モリサワ #大見出し

あ

ディープな魅力溢れるよろず屋横丁

デザインと文字の関係

Matcha Chocolate

謹賀新年

板前にぎり

全日本名城クイズ決勝

あおぎす
なのぱも
アオサダ
ポミルン
AGag3

大名屋敷と庭園

良寛（本明朝用）
りょうかんほんみんちょうよう

日本語フォントメニュー名：Ro良寛Std　文字セット：-（かな書体）
英語フォントメニュー名：Ro Ryokan Std

#かな明朝体 #タイプバンク #短文 #小見出し #大見出し

※漢字は本明朝

永あ

あ あ あ あ
L M B E

燈籠鬢に簪と櫛を挿した浮世絵美人
L

デザインと文字の関係
M

Autumn Sky of Kyoto
M

吾輩は猫である。名前はまだ無い。どこで生れたかとんと見当がつかぬ。何でも薄暗いじめじめした所でニャーニャー泣いていた事だけは記憶している。吾輩はここで始めて人間
L

さくら吹雪
B

都を闊歩するかぶき者
M

あおぎす
なのぱも
アオサダ
ポミルン
AGag39

大名屋敷と庭園
E

どら焼き
紅茶
こしあん

小琴

どら焼き
白小豆
つぶあん

解ミン 月

どら焼き
大納言
つぶあん

どら焼き
れもん
こしあん

ヒラギノ行書

パワフル
肉声感

アンチックAN＋
あんちっくえいえぬぷらす

日本語フォントメニュー名：A P-OTF アンチックAN+ ProN　文字セット：A-J1-4(ProN)
英語フォントメニュー名：A P-OTF Antique AN+ ProN
#明朝体 #モリサワ #短文 #小見出し #大見出し

永あ
あ あ あ あ
L R M DB
あ あ あ
B H U

あおぎす
なのぱも
アオサダ
ポミルン
AGag3

俺が来たからには悪事は許さないぜ
L
デザインと文字の関係
DB
SUPER BLACK FRIDAY
M
吾輩は猫である。名前はまだ無い。どこで生れたかとんと見当がつかぬ。何でも薄暗いじめじめした所でニャーニャー泣いていた事だけは記憶している。吾輩はここで始めて人間
R
ガッンとかましてやる
H
想いは届く
U
ガツ盛り牛丼膳
B

昭和楷書
しょうわかいしょ

日本語フォントメニュー名：A_KSO 昭和楷書　文字セット：A-J1-3(Std)
英語フォントメニュー名：A_KsoKaisho
#筆書体 #昭和書体 #小見出し #大見出し
※収録されている文字は、ひらがな、カタカナ、第一水準・第二水準の漢字、英数字と記号類を含む6,879文字です

永あ
あ

あおぎす
なのぱも
アオサダ
ポミルン
AGag39

行司が「はっきよい」と声をかける
デザインと文字の関係
SUPER BLACK FRIDAY
吾輩は猫である。名前はまだ無い。どこで生れたかとんと見当がつかぬ。何でも薄暗いじめじめした所でニャーニャー泣いていた事だけは記憶している。吾輩はここで始めて人間
いざ尋常に勝負すべし
百連ガチャ
ガツ盛り牛丼膳

かわいい
楽しい
レトロ
物語性
和風
パワフル 肉声感
やさしい
洗練
風格
信頼感
読ませる

パワフル
肉声感

秀英にじみ四号太かな
しゅうえいにじみよんごうふとかな

日本語フォントメニュー名：A P-OTF 秀英にじみ四号太StdN　文字セット：A-J1-3(StdN)
英語フォントメニュー名：A P-OTF Shuei N4goBKana StdN

#明朝体 #モリサワ #大見出し

永あ
あ

ひゅうと口笛を吹いてから身構えた
デザインと文字の関係
BLACK FRIDAY
いだてん
ガツ盛り牛丼膳

待ちたまえ
私の決意は揺るがない

あおぎす
なのぱも
アオサダ
ポミルン
AGag39

ぶらっしゅ

日本語フォントメニュー名：Roぶらっしゅ Std　文字セット：A-J1-3(Std)
英語フォントメニュー名：Ro Brush Std

#デザイン書体 #タイプバンク #大見出し

永あ
あ

大船に乗ったつもりでまかせなさい
デザインと文字の関係
BLACK FRIDAY
大爆発だ
ガツ盛り牛丼膳

くらえ剣玉
拙者はまんぷく侍なり

あおぎす
なのぱも
アオサダ
ポミルン
AGag3

パワフル
肉声感

ゴシックMB101
ごしっくえむびいいちまるいち

日本語フォントメニュー名：A P-OTF ゴシックMB101 Pr6N　文字セット：A-J1-7(Pr6N)
英語フォントメニュー名：A P-OTF Gothic MB101 Pr6N

#ゴシック体 #モリサワ #本文 #短文 #小見出し #大見出し

▶p.131

今月のスローガン「安全を第一に」 DB

ガツ盛り牛丼膳 H

剣閃
けんせん

日本語フォントメニュー名：A P-OTF 剣閃 StdN　文字セット：A-J1-3(StdN)
英語フォントメニュー名：A P-OTF Kensen StdN

#デザイン書体 #モリサワ #大見出し

▶p.61

死角に狙い撃ち豪速球スマッシュ！

ガツ盛り牛丼膳

Role Slab Banner Pro
ろーるすらぶばなーぷろ

日本語フォントメニュー名：Role Slab Banner Pro　文字セット：Pro（ラテン）
英語フォントメニュー名：Role Slab Banner Pro

#Serif #モリサワ #短文 #小見出し #大見出し

Aa3

a	a	a
Thin	ExtraLight	Light
Regular	Medium	Bold
ExtraBold	Heavy	Black
Thin Italic	ExtraLight Italic	Light Italic
Italic	Medium Italic	Bold Italic
ExtraBold Italic	Heavy Italic	Black Italic

World Championship Bold

AS YOUNG READERS LIKE TO KNOW "HOW PEOPLE LOOK," we will take this moment to give them a little sketch of the four sisters, who sat knitting away in the twilight, *while the December snow fell quietly without, and the fire crackled cheerfully within.* Regular & Italic

If you can dream it, you can do it! ExtraBold Italic

Hamburgefonstiv 1726 Thin

GRAVITY **ENGINE** Light & Black

パワフル
躍動感

黒龍
こくりゅう

日本語フォントメニュー名：A_KSO 黒龍　文字セット：A-J1-3(Std)
英語フォントメニュー名：A_KsoKokuryu

#デザイン書体　#昭和書体　#大見出し

※収録されている文字は、ひらがな、カタカナ、第一水準・第二水準の漢字、英数字と記号類を含む6,879文字です

永あ
あ

凶悪ヴィランとの壮絶バトルが勃発

デザインと文字の関係

BLACK FRIDAY

竜騰虎闘

繰り出す技

雲海を超え天を翔けよ

あおぎす
なのぱも
アオサダ
ポミルン
AGag39

ガツ盛り牛丼膳

イカヅチ

日本語フォントメニュー名：A P-OTF イカヅチ StdN　文字セット：A-J1-3(StdN)
英語フォントメニュー名：A P-OTF Ikazuchi StdN

#デザイン書体　#モリサワ　#大見出し

永あ
あ

サウンドを体感できる劇場爆音上映

デザインと文字の関係

BLACK FRIDAY

ドッカン

大恐竜時代

波に乗ってサーフィン

あおぎす
なのぱも
アオサダ
ポミルン
AGag3

ガツ盛り牛丼膳

パワフル
躍動感

ゼンゴN+
ぜんごえぬぷらす

日本語フォントメニュー名：A P-OTF ゼンゴN+ ProN　文字セット：A-J1-4(ProN)
英語フォントメニュー名：A P-OTF ZenGoN+ ProN

#ゴシック体 #モリサワ #短文 #小見出し #大見出し

永あ

あ あ あ あ
L R M DB

あ あ あ
B H U

あおぎす
なのぱも
アオサダ
ポミルン
AGag3

よーいドンで一斉に全力のダッシュ
L

デザインと文字の関係
DB

SUPER BLACK FRIDAY
DB

吾輩は猫である。名前はまだ無い。どこで生れたかとんと見当がつかぬ。何でも薄暗いじめじめした所でニャーニャー泣いていた事だけは記憶している。吾輩はここで始めて人間
R

歳末セール
U

汗と涙ほとばしる青春
B

ガッ盛り牛丼膳
H

Rubberblade
らばーぶれーど

日本語フォントメニュー名：MO Rubberblade　文字セット：-（ラテン）
英語フォントメニュー名：MO Rubberblade

#Display #モリサワ #大見出し

Aa3

Ultra

Ultra Italic

Championship
Ultra Italic

Play now!
Ultra

The next big hit
Ultra Italic

Hamburgefonstiv 1726
Ultra

HIP-HOP DANCE
Ultra

パワフル
無骨

ハルクラフト

日本語フォントメニュー名：A P-OTF ハルクラフト StdN　文字セット：A-J1-3(StdN)
英語フォントメニュー名：A P-OTF Harucarft StdN

#デザイン書体　#モリサワ　#大見出し

永あ
あ

マグマが冷えて固まったのが火成岩

デザインと文字の関係

BLACK FRIDAY

昔ながら

ガツ盛り牛丼膳

和太鼓を叩いて鳴らせ

大腿四頭筋

あおぎす
なのぱも
アオサダ
ポミルン
AGag3

ボルクロイド

日本語フォントメニュー名：A P-OTF ボルクロイド Min2　文字セット：Min2
英語フォントメニュー名：A P-OTF Bolcroid Min2

#デザイン書体　#モリサワ　#大見出し

永あ
あ

序盤からアクセル全開で首位を独走

デザインと文字の関係

BLACK FRIDAY

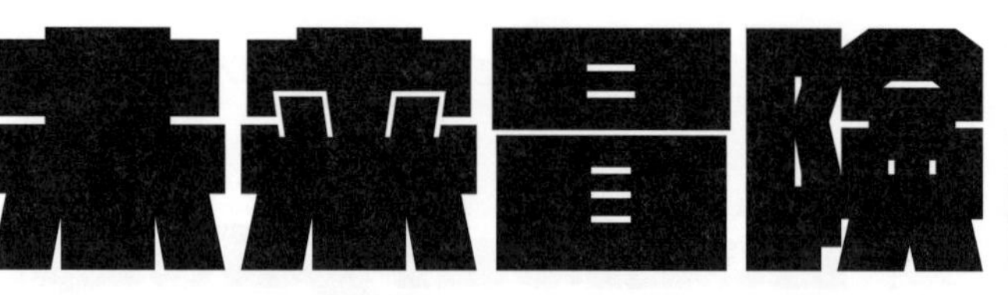

ガツ盛り牛丼膳

次は君がヒーローだ！

居城を包囲

あおぎす
なのぱも
アオサダ
ポミルン
AGag

パワフル
無骨

黒曜
こくよう

日本語フォントメニュー名：A P-OTF 黒曜 StdN　文字セット：A-J1-3(StdN)
英語フォントメニュー名：A P-OTF Kokuyou StdN
#デザイン書体 #モリサワ #大見出し

永あ
あ

あおぎす
なのぱも
アオサダ
ポミルン
AGag39

立ちはだかる壁はこの拳でブチ破れ
デザインと文字の関係
BLACK FRIDAY
秘境探検
豚骨極太麺
跳ねるより遠くに飛べ
ガツ盛り牛丼膳

竹
たけ

日本語フォントメニュー名：A P-OTF 竹 StdN　文字セット：A-J1-3(StdN)
英語フォントメニュー名：A P-OTF Take StdN
#デザイン書体 #モリサワ #小見出し #大見出し

永あ
あ あ あ あ
L M B H

あおぎす
なのぱも
アオサダ
ポミルン
AGag39

ツキノワグマと対峙するマタギたち
L
デザインと文字の関係
B
SUPER BLACK FRIDAY
M
吾輩は猫である。名前はまだ無い。どこで生れたかとんと見当がつかぬ。何でも薄暗いじめじめした所でニャーニャー泣いていた事だけは記憶している。吾輩はここで始めて人間
L
落石要注意
B
かち割り氷を山盛りで
M
ガツ盛り牛丼膳
H

パワフル
無骨

ナウ（明朝）
なうみんちょう

日本語フォントメニュー名：RoナウStd MM　文字セット：A-J1-3(Std)
英語フォントメニュー名：Ro NOW Std MM

#明朝体 #タイプバンク #短文 #小見出し #大見出し

永あ
あ あ あ あ
MM MB ME MU

あおぎす
なのぱも
アオサダ
ポミルン
AGag39

前人未到最高難度の終焉ダンジョン
MM

デザインと文字の関係
MB

SUPER BLACK FRIDAY
MM

吾輩は猫である。名前はまだ無い。どこで生れたかとんと見当がつかぬ。何でも薄暗いじめじめした所でニャーニャー泣いていた事だけは記憶している。吾輩はここで始めて人間
MM

無人島生活
ME

鉱夫はツルハシで掘る
MB

ガツ盛り牛丼膳
MU

ヒラギノ角ゴ オールド
ひらぎのかくごおーるど

日本語フォントメニュー名：ヒラギノ角ゴオールド StdN　文字セット：A-J1-3(StdN)
英語フォントメニュー名：Hiragino Sans Old StdN

#ゴシック体 #ヒラギノ #短文 #小見出し #大見出し

永あ
あ あ あ あ
W6 W7 W8 W9

あおぎす
なのぱも
アオサダ
ポミルン
AGag3

手斧を勢いよく振りかぶって薪割り
W6

デザインと文字の関係
W6

SUPER BLACK FRIDAY
W6

吾輩は猫である。名前はまだ無い。どこで生れたかとんと見当がつかぬ。何でも薄暗いじめじめした所でニャーニャー泣いていた事だけは記憶している。吾輩はここで始めて人間
W6

獣道をゆけ
W8

豪快にガハハと笑った
W7

ガツ盛り牛丼膳
W9

パワフル
無骨

弘道軒（ナウゴシック用）
こうどうけんなうごしっくよう

日本語フォントメニュー名：Ro弘道軒Std GM　文字セット：-（かな書体）
英語フォントメニュー名：Ro Kodoken Std GM

#かなゴシック体 #タイプバンク #短文 #小見出し #大見出し

※漢字はナウ（ゴシック用）

永あ
あ あ あ あ
GM GB GE GU

あおぎす
なのぱも
アオサダ
ポミルン
AGag39

心を高める自己流マインドフルネス
GU

デザインと文字の関係
GM

SUPER BLACK FRIDAY
GU

吾輩は猫である。名前はまだ無い。どこで生れたかとんと見当がつかぬ。何でも薄暗いじめじめした所でニャーニャー泣いていた事だけは記憶している。吾輩はここで始めて人間
GM

勇ましい姿
GU

地にがっしり根を張れ
GE

ガツ盛り牛丼膳
GU

G2サンセリフ
じーつーさんせりふ

日本語フォントメニュー名：RoG2サンセリフStdN　文字セット：A-J1-3(StdN)
英語フォントメニュー名：Ro GSan Serif StdN

#デザイン書体 #タイプバンク #小見出し #大見出し

永あ
あ あ
B U

▶p.51

過酷を極めるサイクルロードレース
B

ガツ盛り牛丼膳
U

ひげ文字
ひげもじ

日本語フォントメニュー名：A P-OTF ひげ文字 StdN　文字セット：A-J1-3(StdN)
英語フォントメニュー名：A P-OTF Higemoji StdN

#筆書体 #モリサワ #大見出し

▶p.69

臭い・汚れ激落ち換気扇クリーナー

ガツ盛り牛丼膳

パワフル
無骨

VibeMO Pro
うぁいぶえむおーぷろ

日本語フォントメニュー名：VibeMO Pro　文字セット：Pro（ラテン）
英語フォントメニュー名：VibeMO Pro
#Sans Serif #モリサワ #短文 #小見出し #大見出し

Aa3

a Thin　a Light　a Medium
a Bold　a Ultra
a Light Italic　*a* Medium Italic　*a* Bold Italic

World Championship
Medium

As young readers like to know "HOW PEOPLE LOOK," we will take this moment to give them a little sketch of the four sisters, who sat knitting away in the twilight, *while the December snow fell quietly without, and the fire crackled cheerfully within.*
Light & Light Italic

Every obstacle is a stepping stone.
Bold Italic

Hamburgefonstiv 1726
Thin

READY TO **PLAY**
Thin & Ultra

Tapir Pro
たぴあーぷろ

日本語フォントメニュー名：Tapir Pro　文字セット：Pro（ラテン）
英語フォントメニュー名：Tapir Pro
#Sans Serif #モリサワ #短文 #小見出し #大見出し

Aa3
▶p.30

Hamburgefonstiv 1726
ExtraLight

Puzzles **& Riddles**
Light & Heavy

Vonk Pro
ふぉんくぷろ

日本語フォントメニュー名：Vonk Pro　文字セット：Pro（ラテン）
英語フォントメニュー名：Vonk Pro
#Serif #モリサワ #短文 #小見出し #大見出し

Aa3
▶p.112

Hamburgefonstiv 1726
Medium

Valley **Adventure**
Regular & Heavy

全クリア
やったぜ

G2サンセリフ

Rubberblade

ドンッ!
バターン!

ぶらっしゅ

Yes?

No!

Role Slab Banner Pro

OMG

Vonk Pro

今度こそ
絶対に
負けねー!

アンチックAN

大怪獣
がオォォ…

イカヅチ

やさしい
温かみ

じゅん

日本語フォントメニュー名：A P-OTF じゅん ProN　文字セット：A-J1-4(ProN)
英語フォントメニュー名：A P-OTF Jun ProN

#丸ゴシック体 #モリサワ #本文 #短文 #小見出し #大見出し

永あ

あ あ あ あ
101 201 34 501

あおぎす
なのぱも
アオサダ
ポミルン
AGag39

心のこもった手づくりのプレゼント
101

デザインと文字の関係
34

New Handmade Marché
201

吾輩は猫である。名前はまだ無い。どこで生れたかとんと見当がつかぬ。何でも薄暗いじめじめした所でニャーニャー泣いていた事だけは記憶している。吾輩はここで始めて人間
101

生きもの係
34

患者のサポートとケア
201

優しい香りの雨
501

秀英丸ゴシック
しゅうえいまるごしっく

日本語フォントメニュー名：A P-OTF 秀英丸ゴシック StdN　文字セット：A-J1-3(StdN)
英語フォントメニュー名：A P-OTF Shuei MaruGo StdN

#丸ゴシック体 #モリサワ #短文 #小見出し #大見出し

永あ

あ あ
L B

あおぎす
なのぱも
アオサダ
ポミルン
AGag39

うららかな陽気にコートを脱いだら
L

デザインと文字の関係
B

New Handmade Marché
L

吾輩は猫である。名前はまだ無い。どこで生れたかとんと見当がつかぬ。何でも薄暗いじめじめした所でニャーニャー泣いていた事だけは記憶している。吾輩はここで始めて人間
L

真冬の台所
B

慈愛に満ちた表情の像
L

優しい香りの雨
B

やさしい
温かみ

UDデジタル教科書体
ゆーでぃーでじたるきょうかしょたい

日本語フォントメニュー名：UDデジタル教科書体 ProN　文字セット：A-J1-4(ProN)
英語フォントメニュー名：UDDigiKyokasho ProN

#UD書体 #タイプバンク #本文 #短文 #小見出し #大見出し

永あ
あ あ あ あ
R M B H

子狐は急にお母さんが恋しくなって
R

デザインと文字の関係
B

New Handmade Marché
R

吾輩は猫である。名前はまだ無い。どこで生れたかとんと見当がつかぬ。何でも薄暗いじめじめした所でニャーニャー泣いていた事だけは記憶している。吾輩はここで始めて人間
R

もみほぐし
B

マイルドなコクの珈琲
M

あおぎす
なのぱも
アオサダ
ポミルン
AGag39

優しい香りの雨
H

秀英角ゴシック金
しゅうえいかくごしっくきん

日本語フォントメニュー名：A P-OTF 秀英角ゴシック金 StdN　文字セット：A-J1-3(StdN)
英語フォントメニュー名：A P-OTF Shuei KakuGo Kin StdN

#ゴシック体 #モリサワ #本文 #短文 #小見出し

永あ
あ あ あ
L M B

▶p.142

相手の話を心穏やかに傾聴する姿勢
M

優しい香りの雨
B

トーキング

日本語フォントメニュー名：A P-OTF トーキング StdN　文字セット：A-J1-3(StdN)
英語フォントメニュー名：A P-OTF Talking StdN

#デザイン書体 #モリサワ #短文 #小見出し #大見出し

永あ
あ

▶p.56

こんなに嬉しい日は今までなかった

優しい香りの雨

やさしい
温かみ

Lima PE
りーまぴーいー

日本語フォントメニュー名：Lima PE　文字セット：PE（ラテン）
英語フォントメニュー名：Lima PE

#Serif #モリサワ #本文 #短文 #小見出し #大見出し

Aa3

a Regular　a Medium　a Bold
a Italic　*a* Medium Italic　*a* Bold italic

Cold Hands, Warm Heart

Medium

AS YOUNG READERS LIKE TO KNOW "HOW PEOPLE LOOK," we will take this moment to give them a little sketch of the four sisters, who sat knitting away in the twilight, *while the December snow fell quietly without, and the fire crackled cheerfully within.*

Regular & Italic

Living in harmony with nature

Bold Italic

Hamburgefonstiv 1726

Regular

Wooden **Chair**

Regular & Bold

Concert Pro
こんさーとぷろ

日本語フォントメニュー名：Concert Pro　文字セット：Pro（ラテン）
英語フォントメニュー名：Concert Pro

#Sans Serif #モリサワ #短文 #小見出し #大見出し

Aa3

a Light　a Regular　a Bold
a Black
a Light Italic　*a* Italic　*a* Bold Italic
a Black Italic

Cold Hands, Warm Heart

Bold

AS YOUNG READERS LIKE TO KNOW "HOW PEOPLE LOOK," we will take this moment to give them a little sketch of the four sisters, who sat knitting away in the twilight, *while the December snow fell quietly without, and the fire crackled cheerfully within.*

Regular & Italic

Do all things with love & kindness

Bold Italic

Hamburgefonstiv 1726

Light

Trampoline **Park**

Light & Black

A1ゴシック
えいわんごしっく

日本語フォントメニュー名：A P-OTF A1ゴシック StdN　文字セット：A-J1-3(StdN)
英語フォントメニュー名：A P-OTF A1Gothic StdN

#ゴシック体 #モリサワ #短文 #小見出し #大見出し

永あ
あ あ あ あ
L R M B

あおぎす
なのぱも
アオサダ
ポミルン
AGag39

風に耳をすます長閑で穏やかな時間
L

デザインと文字の関係
R

New Handmade Marché
R

吾輩は猫である。名前はまだ無い。どこで生れたかとんと見当がつかぬ。何でも薄暗いじめじめした所でニャーニャー泣いていた事だけは記憶している。吾輩はここで始めて人間
L

手に馴染む父のカバン
M

あけぼの坂
B

優しい香りの雨
B

秀英にじみ丸ゴシック
しゅうえいにじみまるごしっく

日本語フォントメニュー名：A P-OTF 秀英にじみ丸ゴ StdN　文字セット：A-J1-3(StdN)
英語フォントメニュー名：A P-OTF Shuei NijimiMGo StdN

#丸ゴシック体 #モリサワ #小見出し #大見出し

永あ
あ

あおぎす
なのぱも
アオサダ
ポミルン
AGag39

ソロモンの雅歌に登場する百合の花

デザインと文字の関係

New Handmade Marché

吾輩は猫である。名前はまだ無い。どこで生れたかとんと見当がつかぬ。何でも薄暗いじめじめした所でニャーニャー泣いていた事だけは記憶している。吾輩はここで始めて人間

舞う桜をじいっと見る

藍染め体験

優しい香りの雨

やさしい
しっとり

解ミン 宙
かいみんそら

日本語フォントメニュー名：A P-OTF 解ミン 宙 StdN　文字セット：A-J1-3(StdN)
英語フォントメニュー名：A P-OTF Kaimin Sora StdN
#デザイン書体 #モリサワ #短文 #小見出し #大見出し

永あ
あ あ あ あ
R M B H

あおぎす
なのぱも
アオサダ
ポミルン
AGag39

鶺鴒がチチチッと鳴いて地面を歩く
R

デザインと文字の関係
M

New Handmade Marché
R

吾輩は猫である。名前はまだ無い。どこで生れたかとんと見当がつかぬ。何でも薄暗いじめじめした所でニャーニャー泣いていた事だけは記憶している。吾輩はここで始めて人間
R

蟹あんかけ
B

久方ぶりの甘雨が降る
M

優しい香りの雨
H

Rocio Pro
ろしおぷろ

日本語フォントメニュー名：Rocio Pro　文字セット：Pro（ラテン）
英語フォントメニュー名：Rocio Pro
#Rounded #モリサワ #短文 #小見出し #大見出し

Aa3

a a a
Regular Medium Bold

a
Heavy

a *a* *a*
Italic Medium Italic Bold Italic

a
Heavy Italic

Cold Hands, Warm Heart
Medium

As young readers like to know “HOW PEOPLE LOOK,” we will take this moment to give them a little sketch of the four sisters, who sat knitting away in the twilight, *while the December snow fell quietly without, and the fire crackled cheerfully within.*
Regular & Italic

Arts & Crafts Workshop for Kids
Bold Italic

Hamburgefonstiv 1726
Regular

Birthday Wishes
Italic & Heavy Italic

白妙
しろたえ

日本語フォントメニュー名：A P-OTF 白妙 StdN　文字セット：A-J1-3(StdN)
英語フォントメニュー名：A P-OTF Shirotae StdN

#デザイン書体 #モリサワ #短文 #小見出し #大見出し

永あ

あ あ
L M

あおぎす
なのぱも
アオサダ
ポミルン
AGag39

気の利いたジョークで緊張が解ける
L

デザインと文字の関係
M

New Handmade Marché
L

吾輩は猫である。名前はまだ無い。どこで生れたかとんと見当がつかぬ。何でも薄暗いじめじめした所でニャーニャー泣いていた事だけは記憶している。吾輩はここで始めて人間
L

青リンゴ酢
L

お元気にしていますか
M

優しい香りの雨
M

小琴遊かな
こきんゆうかな

日本語フォントメニュー名：A P-OTF 小琴遊かな StdN　文字セット：A-J1-3(StdN)
英語フォントメニュー名：A P-OTF KokinYukana StdN

#デザイン書体 #モリサワ #短文 #小見出し #大見出し

永あ

あ

あおぎす
なのぱも
アオサダ
ポミルン
AGag39

そっとヒントを書いた付箋を見せた

デザインと文字の関係

New Handmade Marché

吾輩は猫である。名前はまだ無い。どこで生れたかとんと見当がつかぬ。何でも薄暗いじめじめした所でニャーニャー泣いていた事だけは記憶している。吾輩はここで始めて人間

春雨サラダ

あたらしい朝の始まり

優しい香りの雨

やさしい
さらり

ぺんぱる

日本語フォントメニュー名：A P-OTF ぺんぱる StdN　文字セット：A-J1-3(StdN)
英語フォントメニュー名：A P-OTF Penpal StdN
#デザイン書体 #モリサワ #短文 #小見出し #大見出し

永あ
あ

あおぎす
なのぱも
アオサダ
ポミルン
AGag39

赤ペンで一言入れて褒めて伸ばそう

デザインと文字の関係

New Handmade Marché

吾輩は猫である。名前はまだ無い。どこで生れたかとんと見当がつかぬ。何でも薄暗いじめじめした所でニャーニャー泣いていた事だけは記憶している。吾輩はここで始めて人間

自家製だし

おばあちゃん定番料理

優しい香りの雨

みちくさ

日本語フォントメニュー名：A P-OTF みちくさ StdN　文字セット：A-J1-3(StdN)
英語フォントメニュー名：A P-OTF Michikusa StdN
#デザイン書体 #モリサワ #短文 #小見出し #大見出し

永あ
あ

▶p.64

そっけない顔して差し伸べられた手

優しい香りの雨

プフ ホリデー

日本語フォントメニュー名：A P-OTF プフ ホリデー Min2　文字セット：Min2
英語フォントメニュー名：A P-OTF PuhuHoliday Min2
#デザイン書体 #モリサワ #短文 #小見出し #大見出し

永あ
あ

▶p.22

赤ちゃんのおしりさらり安心ガード

優しい香りの雨

ひのき
Hinoki
オーガニック・ハンドクリーム
organic hand cream
A1ゴシック、Lima PE
ユーカリ
Eucalyptus
オーガニック・ハンドクリーム
organic hand cream
白妙
よもぎ
Yomogi
オーガニック・ハンドクリーム
organic hand cream
秀英丸ゴシック、Rocio Pro
d Pine
c hand cream
Concert Pro
レモン
Lemon
オーガニック・ハンドクリーム
organic hand cream
解ミン 宙

洗練
優美

A1明朝（AP版）
えいわんみんちょうえーぴーばん

日本語フォントメニュー名：A P-OTF A1明朝 StdN　文字セット：A-J1-3(StdN)
英語フォントメニュー名：A P-OTF A1 Mincho StdN

#明朝体 #モリサワ #短文 #小見出し #大見出し

永あ

あ あ あ
R M B

あおぎす
なのぱも
アオサダ
ポミルン
AGag39

優雅なチャイナドレスを着た貴婦人 R

デザインと文字の関係 M

Invitation to Rose Garden M

吾輩は猫である。名前はまだ無い。どこで生れたかとんと見当がつかぬ。何でも薄暗いじめじめした所でニャーニャー泣いていた事だけは記憶している。吾輩はここで始めて人間 R

美容液成分 B

花のもとにて春死なむ M

上質な髪の輝き B

霞白藤
かすみしらふじ

日本語フォントメニュー名：A P-OTF 霞白藤 Min2　文字セット：Min2
英語フォントメニュー名：A P-OTF Kasumi ShirafujiMin2

#明朝体 #モリサワ #短文 #小見出し #大見出し

永あ

あ あ あ あ
L R M B

あおぎす
なのぱも
アオサダ
ポミルン
AGag39

バイオリン曲の格調高雅なメロディ L

デザインと文字の関係 M

Invitation to Rose Garden R

吾輩は猫である。名前はまだ無い。どこで生れたかとんと見当がつかぬ。何でも薄暗いじめじめした所でニャーニャー泣いていた事だけは記憶している。吾輩はここで始めて人間 R

あまい果実 B

見返り美人と京都散策 M

上質な髪の輝き B

洗練
優美

花蓮華
はなれんげ

日本語フォントメニュー名：RA花蓮華 Std　文字セット：A-J1-3(Std)
英語フォントメニュー名：RA HanaRenge Std

#筆書体 #タイプバンク #本文 #短文 #小見出し #大見出し

永あ

あ あ あ
L M B

娘は鶴になり山の方へと飛び去った
L

デザインと文字の関係
B

Invitation to Rose Garden
M

吾輩は猫である。名前はまだ無い。どこで生れたかとんと見当がつかぬ。何でも薄暗いじめじめした所でニャーニャー泣いていた事だけは記憶している。吾輩はここで始めて人間
L

淡水パール
B

リヨン製絹ブロケード
M

あおぎす
なのぱも
アオサダ
ポミルン
AGag39

上質な髪の輝き
B

光朝
こうちょう

日本語フォントメニュー名：A P-OTF 光朝 StdN　文字セット：A-J1-3(StdN)
英語フォントメニュー名：A P-OTF Kocho StdN

#明朝体 #モリサワ #大見出し

永あ

あ

なめらかな曲線のミロのヴィーナス

デザインと文字の関係

Invitation to Garden

胡蝶らん展

モダン建築の技術発展

あおぎす
なのぱも
アオサダ
ポミルン
AGag39

魅惑の壺

上質な髪の輝き

洗練
優美

欧体楷書
おうたいかいしょ

日本語フォントメニュー名：A P-OTF 欧体楷書 StdN　文字セット：A-J1-3(StdN)
英語フォントメニュー名：A P-OTF Outai Kaisho StdN

#筆書体 #モリサワ #短文 #小見出し #大見出し

永あ
あ

レリーフが浮かぶポートランドの壺
デザインと文字の関係
Invitation to Rose Garden
吾輩は猫である。名前はまだ無い。どこで生れたかとんと見当がつかぬ。何でも薄暗いじめじめした所でニャーニャー泣いていた事だけは記憶している。吾輩はここで始めて人間

結婚披露宴
シルクロードへ続く道

あおぎす
なのぱも
アオサダ
ポミルン
AGag39

上質な髪の輝き

オーブ

日本語フォントメニュー名：TBオーブ Std　文字セット：A-J1-3(Std)
英語フォントメニュー名：TBOrb Std

#デザイン書体 #タイプバンク #短文 #小見出し #大見出し

永あ
あ

▶p.46

白い綿モスリンのワンピースドレス
上質な髪の輝き

白妙 オールド
しろたえおーるど

日本語フォントメニュー名：A P-OTF 白妙 オールド StdN　文字セット：A-J1-3(StdN)
英語フォントメニュー名：A P-OTF Shirotae Old StdN

#デザイン書体 #モリサワ #短文 #小見出し #大見出し

永あ
あ あ
L M

▶p.63

吉祥柄の袖扇で顔を隠した平安女房
L

上質な髪の輝き
M

洗練
優美

BodoniMO Pro
ぼどにえむおーぷろ

日本語フォントメニュー名：BodoniMO Pro　文字セット：Pro（ラテン）
英語フォントメニュー名：BodoniMO Pro

#Serif #モリサワ #短文 #小見出し #大見出し

Aa3

a Regular　a Bold
a Italic　a Bold Italic

Luxury Afternoon Tea
Bold

As young readers like to know "HOW PEOPLE LOOK," we will take this moment to give them a little sketch of the four sisters, who sat knitting away in the twilight, *while the December snow fell quietly without, and the fire crackled cheerfully within.*
Regular & Italic

SPRING & SUMMER NEW ITEMS
Bold Italic

Hamburgefonstiv 1726
Regular

Runway **Showcase**
Regular & Bold

Cetra Display Pro
ちぇとらでぃすぷれいぷろ

日本語フォントメニュー名：Cetra Display Pro　文字セット：Pro（ラテン）
英語フォントメニュー名：Cetra Display Pro

#Sans Serif #モリサワ #小見出し #大見出し

Aa3

a Regular　a Medium　a Bold
a Italic　a Medium Italic　a Bold Italic

Luxury Afternoon Tea
Medium

As young readers like to know "HOW PEOPLE LOOK," we will take this moment to give them a little sketch of the four sisters, who sat knitting away in the twilight, *while the December snow fell quietly without, and the fire crackled cheerfully within.*
Regular & Italic

Sterling Silver Jewelry Collection
Bold Italic

Hamburgefonstiv 1726
Regular

BLUEBERRY **FLAVOR**
Regular & Bold

洗練

きらびやか

徐明
じょみん

日本語フォントメニュー名：A P-OTF 徐明 StdN　文字セット：A-J1-3(StdN)
英語フォントメニュー名：A P-OTF Jomin StdN

#デザイン書体 #モリサワ #短文 #小見出し #大見出し

永あ

あ

あおぎす
なのぱも
アオサダ
ポミルン
AGag39

きらめくクリスマス・ウエディング

デザインと文字の関係

Invitation to Rose Garden

吾輩は猫である。名前はまだ無い。どこで生れたかとんと見当がつかぬ。何でも薄暗いじめじめした所でニャーニャー泣いていた事だけは記憶している。吾輩はここで始めて人間

穂を伝う雫

黄金で彩られた副葬品

上質な髪の輝き

明石
あかし

日本語フォントメニュー名：A P-OTF 明石 StdN　文字セット：A-J1-3(StdN)
英語フォントメニュー名：A P-OTF Akashi StdN

#デザイン書体 #モリサワ #短文 #小見出し #大見出し

永あ

あ

あおぎす
なのぱも
アオサダ
ポミルン
AGag39

まばゆい宝飾品が並ぶショーケース

デザインと文字の関係

Invitation to Rose Garden

吾輩は猫である。名前はまだ無い。どこで生れたかとんと見当がつかぬ。何でも薄暗いじめじめした所でニャーニャー泣いていた事だけは記憶している。吾輩はここで始めて人間

基礎化粧品

プレイ・オブ・カラー

上質な髪の輝き

エコー

日本語フォントメニュー名：TBエコー Std　文字セット：A-J1-3(Std)
英語フォントメニュー名：TBEcho Std

#デザイン書体 #タイプバンク #短文 #小見出し #大見出し

永あ
あ あ あ
L R B

あおぎす
なのぱも
アオサダ
ポミルン
AGag39

華美を満喫するフランス国王の愛嬢 L

デザインと文字の関係 B

Invitation to Rose Garden R

吾輩は猫である。名前はまだ無い。どこで生れたかとんと見当がつかぬ。何でも薄暗いじめじめした所でニャーニャー泣いていた事だけは記憶している。吾輩はここで始めて人間というものを見た。しかもあとで R

白樺プラザ R

冬季イルミネーション B

上質な髪の輝き L

美風
みかぜ

日本語フォントメニュー名：A P-OTF 美風 Min2　文字セット：Min2
英語フォントメニュー名：A P-OTF Mikaze Min2

#デザイン書体 #モリサワ #短文 #小見出し #大見出し

永あ
あ

あおぎす
なのぱも
アオサダ
ポミルン
AGag39

肌をやさしく守る、夏に嬉しい爽やかな化粧水

デザインと文字の関係

Invitation to Rose Garden

吾輩は猫である。名前はまだ無い。どこで生れたかとんと見当がつかぬ。何でも薄暗いじめじめした所でニャーニャー泣いていた事だけは記憶している。吾輩はここで始めて人間というものを見た。しかもあとで聞くとそれは書生とい

ガラスの靴

オーボエ協奏曲の調べ

上質な髪の輝き

洗練
きらびやか

翠流きら星
すいりゅうきらぼし

日本語フォントメニュー名：A P-OTF 翠流きら星 Min2　文字セット：Min2
英語フォントメニュー名：A P-OTF SuiryuKiraboshi Min2

#デザイン書体 #モリサワ #小見出し #大見出し

永あ
あ

あおぎす
なのぱも
アオサダ
ポミルン
AGag39

その日の気分で選べる新カラー登場

デザインと文字の関係

Invitation to Rose Garden

吾輩は猫である。名前はまだ無い。どこで生れたかとんと見当がつかぬ。何でも薄暗いじめじめした所でニャーニャー泣いていた事だけは記憶している。吾輩はここで始めて人間

薬膳カフェ

流れ星に願いを込めて

上質な髪の輝き

しまなみ

日本語フォントメニュー名：A P-OTF しまなみ StdN　文字セット：A-J1-3(StdN)
英語フォントメニュー名：A P-OTF Shimanami StdN

#明朝体 #モリサワ #短文 #小見出し #大見出し

永あ
あ

あおぎす
なのぱも
アオサダ
ポミルン
AGag39

まばゆい宝飾品が並ぶショーケース

デザインと文字の関係

Invitation to Rose Garden

吾輩は猫である。名前はまだ無い。どこで生れたかとんと見当がつかぬ。何でも薄暗いじめじめした所でニャーニャー泣いていた事だけは記憶している。吾輩はここで始めて人間

基礎化粧品

プレイ・オブ・カラー

上質な髪の輝き

洗練
きらびやか

Role Serif Banner Pro
ろーるせりふばなーぷろ

日本語フォントメニュー名：Role Serif Banner Pro　文字セット：Pro（ラテン）
英語フォントメニュー名：Role Serif Banner Pro

#Serif #モリサワ #小見出し #大見出し

Aa3

a ExtraLight　a Light　a Regular
a Medium　a Bold　a ExtraBold
a Heavy

a ExtraLight Italic　*a* Light Italic　*a* Italic
a Medium Italic　*a* Bold Italic　*a* ExtraBold Italic
a Heavy Italic

Luxury Afternoon Tea
Medium

AS YOUNG READERS LIKE TO KNOW "HOW PEOPLE LOOK," we will take this moment to give them a little sketch of the four sisters, who sat knitting away in the twilight, *while the December snow fell quietly without, and the fire crackled cheerfully within.*
Regular & Italic

Mermaid Wedding Dresses
ExtraBold Italic

Hamburgefonstiv 1726
ExtraLight

Crystal **Chandelier**
Light & Heavy

Abelha Pro
あべーりゃぷろ

日本語フォントメニュー名：Abelha Pro　文字セット：Pro（ラテン）
英語フォントメニュー名：Abelha Pro

#Script #モリサワ #短文 #小見出し #大見出し

Aa3

a ExtraLight　a Regular　a DemiBold

Luxury Afternoon Tea
DemiBold

AS YOUNG READERS LIKE TO KNOW "HOW PEOPLE LOOK," we will take this moment to give them a little sketch of the four sisters, who sat knitting away in the twilight, while the December snow fell quietly without, and the fire crackled cheerfully within.
Regular

Hamburgefonstiv 1726
ExtraLight

Elegance & Class
ExtraLight & DemiBold

洗練
クリーン

フォーク

日本語フォントメニュー名：A P-OTF フォーク ProN　文字セット：A-J1-4(ProN)
英語フォントメニュー名：A P-OTF Folk ProN
#デザイン書体 #モリサワ #短文 #小見出し #大見出し

永あ
あ あ あ あ
R M B H

あおぎす
なのぱも
アオサダ
ポミルン
AGag39

四万ブルーと呼ばれる幻想的な青色
R
デザインと文字の関係
M
Invitation to Rose Garden
R
吾輩は猫である。名前はまだ無い。どこで生れたかとんと見当がつかぬ。何でも薄暗いじめじめした所でニャーニャー泣いていた事だけは記憶している。吾輩はここで始めて人間
R

サロン予約
B
淡く雪化粧をした稜線
R

上質な髪の輝き
H

UDタイポス
ゆーでぃーたいぽす

日本語フォントメニュー名：UDタイポス515 Std　文字セット：A-J1-3(Std)
英語フォントメニュー名：UDTypos515 Std
#UD書体 #タイプバンク #短文 #小見出し #大見出し

永あ
あ あ あ あ
58 510 512 515

あおぎす
なのぱも
アオサダ
ポミルン
AGag3

日本百景に選定された絶景スポット
58
デザインと文字の関係
510
Invitation to Rose Garden
510
吾輩は猫である。名前はまだ無い。どこで生れたかとんと見当がつかぬ。何でも薄暗いじめじめした所でニャーニャー泣いていた事だけは記憶している。吾輩はここで始めて人間
58

みつめ薬局
512
白糸のような流水の滝
58

上質な髪の輝き
515

洗練
クリーン

タイプラボN+
たいぷらぼえぬぷらす

日本語フォントメニュー名：A P-OTF タイプラボN+ ProN　文字セット：A-J1-4(ProN)
英語フォントメニュー名：A P-OTF TypelaboN+ ProN
#ゴシック体 #モリサワ #短文 #小見出し #大見出し

永あ
あ L　あ R　あ M　あ DB
あ B　あ H　あ U

あおぎす
なのぱも
アオサダ
ポミルン
AGag3

誰もが理解できる簡明なルール設定 L

デザインと文字の関係 DB

Invitation to Rose Garden M

吾輩は猫である。名前はまだ無い。どこで生れたかとんと見当がつかぬ。何でも薄暗いじめじめした所でニャーニャー泣いていた事だけは記憶している。吾輩はここで始めて人間 R

ビタミン剤 H

単刀直入にお尋ねする B

上質な髪の輝き U

カクミン

日本語フォントメニュー名：A P-OTF カクミン ProN　文字セット：A-J1-4(ProN)
英語フォントメニュー名：A P-OTF Kakumin ProN
#デザイン書体 #モリサワ #短文 #小見出し #大見出し

永あ
あ R　あ M　あ B　あ H

あおぎす
なのぱも
アオサダ
ポミルン
AGag39

眼の体操をして疲れ目を解消しよう R

デザインと文字の関係 M

Invitation to Rose Garden M

吾輩は猫である。名前はまだ無い。どこで生れたかとんと見当がつかぬ。何でも薄暗いじめじめした所でニャーニャー泣いていた事だけは記憶している。吾輩はここで始めて人間 R

臨床心理士 B

はやりのクリアバッグ R

上質な髪の輝き H

洗練
クリーン

あおとゴシック

日本語フォントメニュー名：A P-OTF あおとゴシック StdN　文字セット：A-J1-3(StdN)
英語フォントメニュー名：A P-OTF Aoto Gothic StdN

#ゴシック体 #モリサワ #本文 #短文 #小見出し

永あ

あ あ あ あ
EL L R M
あ あ あ
DB B EB

▶p.145

見渡すかぎりどこまでも続く水平線 R

上質な髪の輝き B

UD新ゴ コンデンス80（AP版）
ゆーでぃーしんごこんでんすはちじゅうえーぴーばん

日本語フォントメニュー名：A P-OTF UD新ゴコンデ80 Pr6N　文字セット：A-J1-7(Pr6N)
英語フォントメニュー名：A P-OTF UD ShinGoCon80 Pr6N

#UD書体 #モリサワ #短文 #小見出し #大見出し

永あ

あ あ あ あ
EL L R M
あ あ あ あ
DB B H U

▶p.128

しつこい汚れもスッキリ落せる洗剤 R

上質な髪の輝き B

丸フォーク
まるふぉーく

日本語フォントメニュー名：A P-OTF 丸フォーク ProN　文字セット：A-J1-4(ProN)
英語フォントメニュー名：A P-OTF Maru Folk ProN

#デザイン書体 #モリサワ #短文 #小見出し #大見出し

永あ

あ あ あ あ
R M B H

▶p.26

超高精細で鮮やかな8Kディスプレイ R

上質な髪の輝き B

翠流ネオロマン
すいりゅうねおろまん

日本語フォントメニュー名：A P-OTF 翠流ネオロマン StdN　文字セット：A-J1-3(StdN)
英語フォントメニュー名：A P-OTF SuiryuNeoroman StdN

#デザイン書体 #モリサワ #小見出し #大見出し

永あ

あ

▶p.42

クリアに星座を映し出す恒星投影機

上質な髪の輝き

洗練
クリーン

Role Sans Banner Pro
ろーるさんずばなーぷろ

日本語フォントメニュー名：Role Sans Banner Pro　文字セット：Pro（ラテン）
英語フォントメニュー名：Role Sans Banner Pro

#Sans Serif　#モリサワ　#短文　#小見出し　#大見出し

Aa3

a Thin　a ExtraLight　a Light
a Regular　a Medium　a Bold
a ExtraBold　a Heavy

a Thin Italic　a ExtraLight Italic　a Light Italic
a Italic　a Medium Italic　a Bold Italic
a ExtraBold Italic　a Heavy Italic

Luxury Afternoon Tea

Bold

AS YOUNG READERS LIKE TO KNOW "HOW PEOPLE LOOK," we will take this moment to give them a little sketch of the four sisters, who sat knitting away in the twilight, *while the December snow fell quietly without, and the fire crackled cheerfully within.*

Regular & Italic

Pharmaceutical Science

ExtraBold Italic

Hamburgefonstiv 1726

Medium

DENTAL **CLINIC**

Light & Heavy

Cetra Text Pro
ちぇとらてきすとぷろ

日本語フォントメニュー名：Cetra Text Pro　文字セット：Pro（ラテン）
英語フォントメニュー名：Cetra Text Pro

#Sans Serif　#モリサワ　#本文　#短文　#小見出し

Aa3

a Regular　a Medium　a Bold
a Italic　a Medium Italic　a Bold Italic

Luxury Afternoon Tea

Medium

As young readers like to know "HOW PEOPLE LOOK," we will take this moment to give them a little sketch of the four sisters, who sat knitting away in the twilight, *while the December snow fell quietly without, and the fire crackled cheerfully within.*

Regular & Italic

A Glass of Chardonnay

Bold Italic

Hamburgefonstiv 1726

Regular

NEW **FRAGRANCE**

Regular & Bold

純米酒きらり
KIRARI
清酒
500ml

カクミン、Cetra Display Pro

A1明朝、Abelha Pro

スパークリング清酒
金曜日のごほうび
Sparkling

しまなみ、Cetra Display Pro

AWAIRO
あわ色の夢
純米吟醸
AWAIRO

Sans Banner Pro

きざはし金陵
きざはしきんりょう

日本語フォントメニュー名：A P-OTF きざはし金陵 StdN　文字セット：A-J1-3(StdN)
英語フォントメニュー名：A P-OTF KizaKinryou StdN
#明朝体 #モリサワ #短文 #小見出し #大見出し

永あ
あ あ
M B

あおぎす
なのぱも
アオサダ
ポミルン
AGag39

貴重な文化財を観覧する限定ツアー
M
デザインと文字の関係
B
Spanish Golden Age 1492
M
吾輩は猫である。名前はまだ無い。どこで生れたかとんと見当がつかぬ。何でも薄暗いじめじめした所でニャーニャー泣いていた事だけは記憶している。吾輩はここで始めて人間
M

鳥獣戯画展
B

漢字が日本に伝来した
M

美しい日本様式
B

秀英にじみ四号かな
しゅうえいにじみよんごうかな

日本語フォントメニュー名：A P-OTF 秀英にじみ四号 StdN　文字セット：A-J1-3(StdN)
英語フォントメニュー名：A P-OTF Shuei N4goKana StdN
#明朝体 #モリサワ #短文 #小見出し #大見出し

永あ
あ

あおぎす
なのぱも
アオサダ
ポミルン
AGag39

反乱をきっかけに勃発した薔薇戦争
デザインと文字の関係
Spanish Golden Age 1492
吾輩は猫である。名前はまだ無い。どこで生れたかとんと見当がつかぬ。何でも薄暗いじめじめした所でニャーニャー泣いていた事だけは記憶している。吾輩はここで始めて人間

眼を閉じて

職人の技術を受け継ぐ

美しい日本様式

風格

歴史のある

秀英3号＋

しゅうえいさんごうぷらす

日本語フォントメニュー名：A P-OTF 秀英3号+ ProN　文字セット：A-J1-4(ProN)
英語フォントメニュー名：A P-OTF Shuei3+ ProN

#明朝体 #モリサワ #短文 #小見出し #大見出し

永あ

あ あ あ あ
L R M B
あ あ あ あ
EB H EH U

あおぎす
なのぱも
アオサダ
ポミルン
AGag39

ホモサピエンスの軌跡をたどる講義
L

デザインと文字の関係
B

Spanish Golden Age 1492
M

吾輩は猫である。名前はまだ無い。どこで生れたかとんと見当がつかぬ。何でも薄暗いじめじめした所でニャーニャー泣いていた事だけは記憶している。吾輩はここで始めて人間
R

墓碑を刻む
H

ガス灯のはじまりの地
M

美しい日本様式
U

秀英5号＋

しゅうえいごごうぷらす

日本語フォントメニュー名：A P-OTF 秀英5号+ ProN　文字セット：A-J1-4(ProN)
英語フォントメニュー名：A P-OTF Shuei5+ ProN

#明朝体 #モリサワ #短文 #小見出し #大見出し

永あ

あ あ あ あ
L R M B
あ あ あ あ
EB H EH U

あおぎす
なのぱも
アオサダ
ポミルン
AGag39

ホメロス叙事詩「オデュッセイア」
L

デザインと文字の関係
B

Spanish Golden Age 1492
B

吾輩は猫である。名前はまだ無い。どこで生れたかとんと見当がつかぬ。何でも薄暗いじめじめした所でニャーニャー泣いていた事だけは記憶している。吾輩はここで始めて人間
R

あすの記憶
EH

海や川で禊をする風習
M

美しい日本様式
U

游明朝体36ポかな
ゆうみんちょうたいさんじゅうろくぽかな

日本語フォントメニュー名：游明朝体36ポかな　文字セット：-（かな書体）
英語フォントメニュー名：Yu Mincho 36p Kana

#かな明朝体 #字游工房 #短文 #小見出し #大見出し

※漢字は游明朝体

永あ
あ あ あ あ
L R M D
あ あ
B E

あおぎす
なのぱも
アオサダ
ポミルン
AGag39

平安時代から受け継がれてきた技法
L
デザインと文字の関係
D
Spanish Golden Age 1492
M
吾輩は猫である。名前はまだ無い。どこで生れたかとんと見当がつかぬ。何でも薄暗いじめじめした所でニャーニャー泣いていた事だけは記憶している。吾輩はここで始めて人間
R

心にのこる
B

抹茶をじっくり味わう
M

美しい日本様式
E

築地体前期五号仮名
つきじたいぜんきごごうかな

日本語フォントメニュー名：築地体前期五号仮名　文字セット：-（かな書体）
英語フォントメニュー名：Tsukiji Zenki 5go Kana

#かな明朝体 #ヒラギノ #短文 #小見出し #大見出し

※漢字はヒラギノ明朝

永あ
ぁ

あおぎす
なのぱも
アオサダ
ポミルン

多くの俳人がたずねた名所をめぐる

デザインと文字の関係

スペイン黄金世紀と文学隆盛

吾輩は猫である。名前はまだ無い。どこで生れたかとんと見当がつかぬ。何でも薄暗いじめじめした所でニャーニャー泣いていた事だけは記憶している。吾輩はここで始めて人間

やよい白書

武士が歩むは弓馬の道

美しい日本様式

風格

歴史のある

霞白藤

かすみしらふじ

日本語フォントメニュー名：A P-OTF 霞白藤 Min2　文字セット：Min2
英語フォントメニュー名：A P-OTF Kasumi ShirafujiMin2

#明朝体 #モリサワ #短文 #小見出し #大見出し

永あ

あ あ あ あ
L R M B

▶p.90

数多の収集資料で見せる激動の歴史

R

美しい日本様式

B

くれたけ銘石

くれたけめいせき

日本語フォントメニュー名：A P-OTF くれたけ銘石 StdN　文字セット：A-J1-3(StdN)
英語フォントメニュー名：A P-OTF KuretakeMeiseki StdN

#ゴシック体 #モリサワ #短文 #小見出し #大見出し

永あ

あ

▶p.38

数多の収集資料で見せる激動の歴史

美しい日本様式

Letras Oldstyle Pro

れとらすおーるどすたいるぷろ

日本語フォントメニュー名：Letras Oldstyle Pro　文字セット：Pro（ラテン）
英語フォントメニュー名：Letras Oldstyle Pro

#Serif #モリサワ #短文 #小見出し #大見出し

Aa3

a a a
Regular DemiBold Bold

a a a
Italic DemiBold Italic Bold Italic

Origins of modernism

DemiBold

As young readers like to know "HOW PEOPLE LOOK," we will take this moment to give them a little sketch of the four sisters, who sat knitting away in the twilight, *while the December snow fell quietly without, and the fire crackled cheerfully within.*

Regular & Italic

Antique and Vintage Furniture

Bold Italic

Hamburgefonstiv 1726

Regular

Ballads & **Sonnets**

Regular & Bold

風格
エモーショナル

霞青藍
かすみせいらん

日本語フォントメニュー名：A P-OTF 霞青藍 Min2　文字セット：Min2
英語フォントメニュー名：A P-OTF Kasumi Seiran Min2
#明朝体 #モリサワ #本文 #短文 #小見出し #大見出し

永あ
あ あ あ あ
L R M B

この世のものとは思えない美しい鶴
L
デザインと文字の関係
M
Spanish Golden Age 1492
R

文藝の虚像
B

失敗から学ぶ経営戦略
L

吾輩は猫である。名前はまだ無い。どこで生れたかとんと見当がつかぬ。何でも薄暗いじめじめした所でニャーニャー泣いていた事だけは記憶している。吾輩はここで始めて人間
R

あおぎす
なのぱも
アオサダ
ポミルン
AGag39

美しい日本様式
B

文游明朝体 勇壮かな
ぶんゆうみんちょうたいゆうそうかな

日本語フォントメニュー名：文游明朝体 勇壮かな StdN　文字セット：A-J1-3(StdN)
英語フォントメニュー名：Bunyu Mincho Yuso StdN
#明朝体 #字游工房 #本文 #短文 #小見出し

永あ
あ

強国が群雄割拠していた時代の小説
デザインと文字の関係
Spanish Golden Age 1492

思いのたけ

博多にゆかりの文学者

吾輩は猫である。名前はまだ無い。どこで生れたかとんと見当がつかぬ。何でも薄暗いじめじめした所でニャーニャー泣いていた事だけは記憶している。吾輩はここで始めて人間

あおぎす
なのぱも
アオサダ
ポミルン
AGag39

美しい日本様式

風格
エモーショナル

欅明朝 Oldstyle
けやきみんちょうおーるどすたいる

日本語フォントメニュー名：A P-OTF 欅明朝 Oldstyle Min2　文字セット：Min2
英語フォントメニュー名：A P-OTF Keyaki Min Ost Min2

#明朝体 #モリサワ #本文 #短文 #小見出し #大見出し

永あ
あ あ
R B

あおぎす
なのぱも
アオサダ
ポミルン
AGag39

特別な日に作りたい華やかレシピ集
R

デザインと文字の関係
B

Spanish Golden Age 1492
B

吾輩は猫である。名前はまだ無い。どこで生れたかとんと見当がつかぬ。何でも薄暗いじめじめした所でニャーニャー泣いていた事だけは記憶している。吾輩はここで始めて人間
R

密かなる恋
B

若き新星が銀盤に舞う
R

美しい日本様式
B

かもめ龍爪
かもめりゅうそう

日本語フォントメニュー名：A P-OTF かもめ龍爪 StdN　文字セット：A-J1-3(StdN)
英語フォントメニュー名：A P-OTF Kamome Ryuso StdN

#デザイン書体 #モリサワ #短文 #小見出し #大見出し

永あ
あ

あおぎす
なのぱも
アオサダ
ポミルン
AGag39

60代女性のためのトキメキ温泉旅

デザインと文字の関係

Spanish Golden Age 1492

吾輩は猫である。名前はまだ無い。どこで生れたかとんと見当がつかぬ。何でも薄暗いじめじめした所でニャーニャー泣いていた事だけは記憶している。吾輩はここで始めて人間

寄り道日記

一生ものの器をつくる

美しい日本様式

風格
エモーショナル

げんろく志安
げんろくしあん

日本語フォントメニュー名：A P-OTF げんろく志安 StdN　文字セット：A-J1-3(StdN)
英語フォントメニュー名：A P-OTF GenrokuShian StdN

#デザイン書体 #モリサワ #短文 #小見出し #大見出し

永あ
あ

あおぎす
なのぱも
アオサダ
ポミルン
AGag39

天地に花々が咲き競い蝶があつまる

デザインと文字の関係

Spanish Golden Age 1492

吾輩は猫である。名前はまだ無い。どこで生れたかとんと見当がつかぬ。何でも薄暗いじめじめした所でニャーニャー泣いていた事だけは記憶している。吾輩はここで始めて人間

光陰如流水

初心者向けの能楽鑑賞

美しい日本様式

江川活版三号行書仮名
えがわかっぱんさんごうぎょうしょかな

日本語フォントメニュー名：江川活版三号行書仮名　文字セット：-（かな書体）
英語フォントメニュー名：Egawa 3go Gyosho Kana

#かな筆書体 #ヒラギノ #小見出し #大見出し

※漢字はヒラギノ明朝

永あ
あ

あおぎす
なのぱも
アオサダ
ポミルン

週末は燻製で作ったおつまみで晩酌

デザインと文字の関係

スペイン黄金世紀と文学隆盛

吾輩は猫である。名前はまだ無い。どこで生れたかとんと見当がつかぬ。何でも薄暗いじめじめした所でニャーニャー泣いていた事だけは記憶している。吾輩はここで始めて人間

雪解けの恵

浮世絵から見る古地図

美しい日本様式

風格

エモーショナル

築地体三号細仮名

つきじたいさんごうほそかな

日本語フォントメニュー名：築地体三号細仮名　文字セット：-（かな書体）
英語フォントメニュー名：Tsukiji 3go Hoso Kana

#かな明朝体 #ヒラギノ #短文 #小見出し #大見出し

※漢字はヒラギノ明朝

永あ

あ

あおぎす
なのぱも
アオサダ
ポミルン

リーフティーを淹れてひといきつく

デザインと文字の関係

スペイン黄金世紀と文学隆盛

吾輩は猫である。名前はまだ無い。どこで生れたかとんと見当がつかぬ。何でも薄暗いじめじめした所でニャーニャー泣いていた事だけは記憶している。吾輩はここで始めて人間

散りゆく桜

骨董品蚤の市レポート

美しい日本様式

隷書E1

れいしょいーわん

日本語フォントメニュー名：A P-OTF 隷書E1 StdN　文字セット：A-J1-3(StdN)
英語フォントメニュー名：A P-OTF Reisho E1 StdN

#筆書体 #モリサワ #短文 #小見出し #大見出し

永あ

あ

あおぎす
なのぱも
アオサダ
ポミルン
AGag39

旧銀行をリノベーションしたホテル

デザインと文字の関係

Spanish Golden Age 1492

吾輩は猫である。名前はまだ無い。どこで生れたかとんと見当がつかぬ。何でも薄暗いじめじめした所でニャーニャー泣いていた事だけは記憶している。吾輩はここで始めて人間

蝋燭の灯火

全国古美術名店マップ

美しい日本様式

欅角ゴシック Oldstyle
けやきかくごしっくおーるどすたいる

日本語フォントメニュー名：A P-OTF 欅角ゴ Oldstyle Min2　文字セット：Min2
英語フォントメニュー名：A P-OTF Keyaki Go Ost Min2

#ゴシック体 #モリサワ #短文 #小見出し #大見出し

永あ

あ あ
M B

あおぎす
なのぱも
アオサダ
ポミルン
AGag39

バロック調の装飾が楽しめるホテル
M

デザインと文字の関係
B

Spanish Golden Age 1492
M

吾輩は猫である。名前はまだ無い。どこで生れたかとんと見当がつかぬ。何でも薄暗いじめじめした所でニャーニャー泣いていた事だけは記憶している。吾輩はここで始めて人間
M

消えない影
B

古代のとんぼ玉を収蔵
M

美しい日本様式
B

秀英にじみ角ゴシック銀
しゅうえいにじみかくごしっくぎん

日本語フォントメニュー名：A P-OTF 秀英にじみ角ゴ銀StdN　文字セット：A-J1-3(StdN)
英語フォントメニュー名：A P-OTF Shuei NGo Gin StdN

#ゴシック体 #モリサワ #短文 #小見出し #大見出し

永あ

あ

あおぎす
なのぱも
アオサダ
ポミルン
AGag39

社会を震撼させた新感覚サスペンス

デザインと文字の関係

Spanish Golden Age 1492

吾輩は猫である。名前はまだ無い。どこで生れたかとんと見当がつかぬ。何でも薄暗いじめじめした所でニャーニャー泣いていた事だけは記憶している。吾輩はここで始めて人間

夕映え便り

夢中になる読者が続出

美しい日本様式

風格
エモーショナル

ヒラギノ角ゴ オールド
ひらぎのかくごおーるど

日本語フォントメニュー名：ヒラギノ角ゴオールド StdN　文字セット：A-J1-3(StdN)
英語フォントメニュー名：Hiragino Sans Old StdN

#ゴシック体 #ヒラギノ #短文 #小見出し #大見出し

永あ
あ あ あ あ
W6 W7 W8 W9
▶p.78

ラクレットチーズをその場で溶かす
W6

美しい日本様式
W8

游ゴシック体初号かな
ゆうごしっくたいしょごうかな

日本語フォントメニュー名：游ゴシック体初号かな　文字セット：-（かな書体）
英語フォントメニュー名：Yu Gothic Shogo Kana

#かなゴシック体 #字游工房 #短文 #小見出し #大見出し

※漢字は游ゴシック体

永あ
あ あ あ あ
L R M D
あ あ あ
B E H
▶p.40

訪れるべき神奈川の名建築とアート
R

美しい日本様式
E

Vonk Pro
ふぉんくぷろ

日本語フォントメニュー名：Vonk Pro　文字セット：Pro（ラテン）
英語フォントメニュー名：Vonk Pro

#Serif #モリサワ #短文 #小見出し #大見出し

Aa3

a a a
Regular Medium Bold

a a
ExtraBold Heavy

a *a* *a*
Italic Medium Italic Bold Italic

a *a*
ExtraBold Italic Heavy Italic

Origins of modernism
Bold

AS YOUNG READERS LIKE TO KNOW "HOW PEOPLE LOOK," we will take this moment to give them a little sketch of the four sisters, who sat knitting away in the twilight, *while the December snow fell quietly without, and the fire crackled cheerfully within.*
Regular & Italic

All things are possible if you believe.
ExtraBold Italic

Hamburgefonstiv 1726
Regular

Valley **Adventure**
Regular & Heavy

凸版文久見出し明朝
とっぱんぶんきゅうみだしみんちょう

日本語フォントメニュー名：A P-OTF 凸版文久見出明 StdN　文字セット：A-J1-3(StdN)
英語フォントメニュー名：A P-OTF Bunkyu MidasiM StdN

#明朝体 #モリサワ #大見出し

永あ
あ

三つ星フレンチの真髄をご堪能あれ
デザインと文字の関係
Spanish Golden Age
命の流儀
美しい日本様式

つばき画廊
厳選ハイブランド革靴

あおぎす
なのぱも
アオサダ
ポミルン
AGag39

游築見出し明朝体
ゆうつきみだしみんちょうたい

日本語フォントメニュー名：游築見出し明朝体 OTF　文字セット：第一水準漢字+
英語フォントメニュー名：Yutuki Midashi Mincho OTF

#明朝体 #字游工房 #大見出し

永あ
あ

プラチナ会員は空港ラウンジが無料
デザインと文字の関係
スペイン黄金世紀と文学隆盛
語り継ぐ
美しい日本様式

特急めばる
本場で食べる黒毛和牛

あおぎす
なのぱも
アオサダ
ポミルン

風格
重厚

秀英初号明朝
しゅうえいしょごうみんちょう

日本語フォントメニュー名：A P-OTF 秀英初号明朝 StdN　文字セット：A-J1-3(StdN)
英語フォントメニュー名：A P-OTF Shuei ShogoMin StdN
#明朝体 #モリサワ #大見出し

永あ
あ

エーゲ海に浮かぶクレタ島で過ごす
デザインと文字の関係
Spanish Golden Age
あわび御膳
贅沢な至福のひととき

あおぎす
なのぱも
アオサダ
ポミルン
AGag39

あしらい
美しい日本様式

Pistilli Pro
ぴすてぃっりぷろ

日本語フォントメニュー名：Pistilli Pro　文字セット：Pro（ラテン）
英語フォントメニュー名：Pistilli Pro
#Serif #モリサワ #大見出し

Aa3
a

Origins of modernism
DIVERSITY
The future of art and technology
Hamburgefonstiv 1726
Beauty & Strength

仕事によって
み出された美しさ　民藝

たけ銘石

霞白藤、Pistilli Pro

2023. 5.19 FRI – 7.25 TUE
モリサワ美術館　大阪市浪速区

感情
強烈な色
激しいタッ

し金陵、Letras Oldstyle Pro

獣派［フォーヴィスム］の真髄

信頼感
堅実

見出ミンMA31
みだしみんえむえいさんじゅういち

日本語フォントメニュー名：A P-OTF 見出ミンMA31 Pr6N　文字セット：A-J1-7(Pr6N)
英語フォントメニュー名：A P-OTF MidashiMi MA31 Pr6N

#明朝体 #モリサワ #短文 #小見出し #大見出し

永あ

あ

信頼感のあるスクールカウンセラー

デザインと文字の関係

The Future of the World

吾輩は猫である。名前はまだ無い。どこで生れたかとんと見当がつかぬ。何でも薄暗いじめじめした所でニャーニャー泣いていた事だけは記憶している。吾輩はここで始めて人間

地球温暖化

日本初勝利に導く監督

あおぎす
なのぱも
アオサダ
ポミルン
AGag39

持続可能な社会

UD黎ミン
ゆーでぃーれいみん

日本語フォントメニュー名：A P-OTF UD黎ミン Pr6N　文字セット：A-J1-7(Pr6N)
英語フォントメニュー名：A P-OTF UD Reimin Pr6N

#UD書体 #モリサワ #本文 #短文 #小見出し #大見出し

永あ

あ あ あ あ
L R M B

あ あ
EB H

国会で条約撤廃を求める動き活発に
L

デザインと文字の関係
B

The Future of the World
R

吾輩は猫である。名前はまだ無い。どこで生れたかとんと見当がつかぬ。何でも薄暗いじめじめした所でニャーニャー泣いていた事だけは記憶している。吾輩はここで始めて人間
R

歩きスマホ
EB

終戦の日に平和を誓う
M

あおぎす
なのぱも
アオサダ
ポミルン
AGag39

持続可能な社会
H

信頼感
堅実

瓦明朝
かわらみんちょう

日本語フォントメニュー名：A P-OTF 瓦明朝 ProN　文字セット：A-J1-4(ProN)
英語フォントメニュー名：A P-OTF Kawara Mincho ProN

#新聞書体 #モリサワ #本文 #短文 #小見出し #大見出し

永あ

あ あ あ
M B H

経営戦略を学びたい人向けセミナー
M

デザインと文字の関係
H

The Future of the World
B

吾輩は猫である。名前はまだ無い。どこで生れたかとんと見当がつかぬ。何でも薄暗いじめじめした所でニャーニャー泣いていた事だけは記憶している。吾輩はここで始めて人間
M

為替レート
B

春の全国交通安全運動
M

あおぎす
なのぱも
アオサダ
ポミルン
AGag39

持続可能な社会
H

毎日新聞明朝
まいにちしんぶんみんちょう

日本語フォントメニュー名：A P-OTF 毎日新聞明朝 ProN　文字セット：A-J1-4(ProN)
英語フォントメニュー名：A P-OTF MNewsM ProN

#新聞書体 #モリサワ #本文 #短文 #小見出し #大見出し

※見本は平体80%

永あ

あ

食料問題について議論を重ねた団体

デザインと文字の関係

The Future of the World

吾輩は猫である。名前はまだ無い。どこで生れたかとんと見当がつかぬ。何でも薄暗いじめじめした所でニャーニャー泣いていた事だけは記憶している。吾輩はここで始めて人間

市民を守る会

気象災害の対策が急がれる

あおぎす
なのぱも
アオサダ
ポミルン
AGag39

持続可能な社会

信頼感

堅実

毎日新聞ゴシック
まいにちしんぶんごしっく

日本語フォントメニュー名：A P-OTF 毎日新聞ゴシック ProN　文字セット：A-J1-4(ProN)
英語フォントメニュー名：A P-OTF MNewsG ProN

#新聞書体 #モリサワ #短文 #小見出し #大見出し

※見本は平体80%

永あ
あ

被害救済法が今期国会で法案成立へ

デザインと文字の関係

The Future of the World

経済の生態系

地域で取り組む声かけ活動

吾輩は猫である。名前はまだ無い。どこで生れたかとんと見当がつかぬ。何でも薄暗いじめじめした所でニャーニャー泣いていた事だけは記憶している。吾輩はここで始めて人間

あおぎす
なのぱも
アオサダ
ポミルン
AGag39

持続可能な社会

新正楷書CBSK1
しんせいかいしょしいびいえすけいわん

日本語フォントメニュー名：A P-OTF 新正楷書CBSK1 Pr5N　文字セット：A-J1-5(Pr5N)
英語フォントメニュー名：A P-OTF ShinseiKaiCBSK1 Pr5N

#筆書体 #モリサワ #短文 #小見出し #大見出し

永あ
あ

災害の危険性が高まると専門家指摘

デザインと文字の関係

The Future of the World

厚生労働省

新聞社世論調査で判明

吾輩は猫である。名前はまだ無い。どこで生れたかとんと見当がつかぬ。何でも薄暗いじめじめした所でニャーニャー泣いていた事だけは記憶している。吾輩はここで始めて人間

あおぎす
なのぱも
アオサダ
ポミルン
AGag3

持続可能な社会

信頼感
堅実

教科書ICA
きょうかしょあいしいえい

日本語フォントメニュー名：A P-OTF 教科書ICA ProN　文字セット：A-J1-4(ProN)
英語フォントメニュー名：A P-OTF Kyoukasho ICA ProN
#筆書体 #モリサワ #本文 #短文 #小見出し

永あ
あ あ あ
L R M

あおぎす
なのぱも
アオサダ
ポミルン
AGag3

大型ショッピング施設が相次ぎ開業
L

デザインと文字の関係
M

The Future of the World
R

吾輩は猫である。名前はまだ無い。どこで生れたかとんと見当がつかぬ。何でも薄暗いじめじめした所でニャーニャー泣いていた事だけは記憶している。吾輩はここで始めて人間
L

青年協力隊
M

ボランティア犬を表彰
L

持続可能な社会
M

游教科書体 New
ゆうきょうかしょたいにゅー

日本語フォントメニュー名：游教科書体 New　文字セット：A-J1-3(StdN)
英語フォントメニュー名：Yu Kyokasho New
#筆書体 #字游工房 #本文 #短文 #小見出し

永あ
あ あ あ あ
M 横用M B 横用B

あおぎす
なのぱも
アオサダ
ポミルン
AGag3

翌年にかけて積極的疫学調査を実施
横用M

デザインと文字の関係
横用B

The Future of the World
横用M

吾輩は猫である。名前はまだ無い。どこで生れたかとんと見当がつかぬ。何でも薄暗いじめじめした所でニャーニャー泣いていた事だけは記憶している。吾輩はここで始めて人間
横用M

直列つなぎ
B

データ流通基盤を整備
M

持続可能な社会
横用B

信頼感
堅実

Lutes UD PE
りゅーつゆーでぃーぴーいー

日本語フォントメニュー名：Lutes UD PE　文字セット：PE（ラテン）
英語フォントメニュー名：Lutes UD PE

#Universal Design #モリサワ #本文 #短文 #小見出し #大見出し

Aa3

a	a	a
Light	Regular	Medium
a	a	a
Bold	ExtraBold	Heavy
a	a	a
Light Italic	Italic	Medium Italic
a	a	a
Bold Italic	ExtraBold Italic	Heavy Italic

Learning is the Key to Success

Bold

As young readers like to know "HOW PEOPLE LOOK," we will take this moment to give them a little sketch of the four sisters, who sat knitting away in the twilight, *while the December snow fell quietly without, and the fire crackled*

Regular & Italic

Making Use of Renewable Resources

ExtraBold Italic

Hamburgefonstiv 1726

Light

Political **Science**

Medium & Heavy

RS Nassim Latin
ろぜったなしむらてん

日本語フォントメニュー名：MP RSNassim Latin　文字セット：-（ラテン）
英語フォントメニュー名：MP RSNassim Latin

#Serif #Rosetta #本文 #短文 #小見出し

Aa3

a	a	a
Regular	Semibold	Bold

Learning is the Key to Success

SemiBold

AS YOUNG READERS LIKE TO KNOW "HOW PEOPLE LOOK," we will take this moment to give them a little sketch of the four sisters, who sat knitting away in the twilight, while the December snow fell quietly without, and the fire crackled cheerfully within.

Regular

Scientific Study of Language

Bold

Hamburgefonstiv 1726

Regular

Bilingual **Education**

Regular & Bold

信頼感
上品

本明朝（標準がな）
ほんみんちょうひょうじゅんがな

日本語フォントメニュー名：Ro本明朝Std　文字セット：A-J1-4(Pro)
英語フォントメニュー名：Ro Hon Mincho Std

#明朝体 #タイプバンク #本文 #短文 #小見出し #大見出し

永あ

あ あ あ あ
L M B E

あ
U

あおぎす
なのぱも
アオサダ
ポミルン
AGag39

亭主が客人にお茶を点ててもてなす
L

デザインと文字の関係
B

The Future of the World
M

吾輩は猫である。名前はまだ無い。どこで生れたかとんと見当がつかぬ。何でも薄暗いじめじめした所でニャーニャー泣いていた事だけは記憶している。吾輩はここで始めて人間
M

マナー講習
E

奈良のオススメ工芸品
M

持続可能な社会
U

太ミンA101
ふとみんえいいちまるいち

日本語フォントメニュー名：A P-OTF 太ミンA101 Pr6N　文字セット：A-J1-7(Pr6N)
英語フォントメニュー名：A P-OTF Futo Min A101 Pr6N

#明朝体 #モリサワ #短文 #小見出し #大見出し

永あ

あ

あおぎす
なのぱも
アオサダ
ポミルン
AGag39

5つ星評価のラグジュアリーホテル

デザインと文字の関係

The Future of the World

吾輩は猫である。名前はまだ無い。どこで生れたかとんと見当がつかぬ。何でも薄暗いじめじめした所でニャーニャー泣いていた事だけは記憶している。吾輩はここで始めて人間

真心こめて

ベイエリアを一望する

持続可能な社会

信頼感
上品

日活正楷書体
にっかつせいかいしょたい

日本語フォントメニュー名：Ro日活正楷書体Std　文字セット：A-J1-3(Std)
英語フォントメニュー名：Ro Nikkatsu Sei Kai Std

#筆書体 #タイプバンク #短文 #小見出し #大見出し

永あ
あ

丁寧なホスピタリティの提供の仕方

デザインと文字の関係

The Future of the World

吾輩は猫である。名前はまだ無い。どこで生れたかとんと見当がつかぬ。何でも薄暗いじめじめした所でニャーニャー泣いていた事だけは記憶している。吾輩はここで始めて人間

日頃の感謝

老舗旅館の女将が語る

あおぎす
なのぱも
アオサダ
ポミルン
AGag39

持続可能な社会

Star Times Display Pro
すたーたいむずでぃすぷれいぷろ

日本語フォントメニュー名：Star Times Display Pro　文字セット：Pro（ラテン）
英語フォントメニュー名：Star Times Display Pro

#Serif #モリサワ #短文 #小見出し #大見出し

Aa3

a Regular　**a** Bold
a Italic　***a*** Bold Italic

Learning is the Key to Success
Bold

As young readers like to know “HOW PEOPLE LOOK,” we will take this moment to give them a little sketch of the four sisters, who sat knitting away in the twilight, *while the December snow fell quietly without, and the fire crackled cheerfully within.*
Regular & Italic

Master’s Degree in Typography
Bold Italic

Hamburgefonstiv 1726
Regular

Film & **Television**
Regular & Bold

信頼感
親しみ

TBUD明朝
ていーびーゆーでぃーみんちょう

日本語フォントメニュー名：TBUD明朝 Std　文字セット：A-J1-3(Std)
英語フォントメニュー名：TBUDMincho Std
#UD書体 #タイプバンク #短文 #小見出し #大見出し

永あ
あ あ
M H

あおぎす
なのぱも
アオサダ
ポミルン
AGag3

タブレット活用でICT教育を提案
M
デザインと文字の関係
H
The Future of the World
M
吾輩は猫である。名前はまだ無い。どこで生れたかとんと見当がつかぬ。何でも薄暗いじめじめした所でニャーニャー泣いていた事だけは記憶している。吾輩はここで始めて人間
M
授業参観日
H
保護者への連絡アプリ
M
持続可能な社会
H

新ゴ
しんご

日本語フォントメニュー名：A P-OTF 新ゴ Pr6N　文字セット：A-J1-7(Pr6N)
英語フォントメニュー名：A P-OTF Shin Go Pr6N
#ゴシック体 #モリサワ #短文 #小見出し #大見出し

永あ
あ あ あ あ
EL L R M
あ あ あ あ
DB B H U

あおぎす
なのぱも
アオサダ
ポミルン
AGag3

子ども達の笑顔つくるオンライン塾
L
デザインと文字の関係
DB
The Future of the World
EL
吾輩は猫である。名前はまだ無い。どこで生れたかとんと見当がつかぬ。何でも薄暗いじめじめした所でニャーニャー泣いていた事だけは記憶している。吾輩はここで始めて人間
R
化学クラブ
U
防犯パトロールを強化
B
持続可能な社会
H

信頼感
親しみ

UD新ゴNT（AP版）
ゆーでぃーしんごえぬてぃーえーぴーばん

日本語フォントメニュー名：A P-OTF UD新ゴNT Pr6N　文字セット：A-J1-7(Pr6N)
英語フォントメニュー名：A P-OTF UD Shin Go NT Pr6N

#UD書体 #モリサワ #本文 #短文 #小見出し #大見出し

永あ

あ あ あ あ
EL L R M
あ あ あ あ
DB B H U

あおぎす
なのぱも
アオサダ
ポミルン
AGag3

各医療スタッフが連携し迅速なケア
L

デザインと文字の関係
DB

The Future of the World
M

吾輩は猫である。名前はまだ無い。どこで生れたかとんと見当がつかぬ。何でも薄暗いじめじめした所でニャーニャー泣いていた事だけは記憶している。吾輩はここで始めて人間
R

みらい募金
H

看護師によるサポート
B

持続可能な社会
H

UD新丸ゴ
ゆーでぃーしんまるご

日本語フォントメニュー名：A P-OTF UD新丸ゴ Pr6N　文字セット：A-J1-7(Pr6N)
英語フォントメニュー名：A P-OTF UD ShinMaruGo Pr6N

#UD書体 #モリサワ #短文 #小見出し #大見出し

永あ

あ あ あ あ
L R M DB
あ あ
B H

あおぎす
なのぱも
アオサダ
ポミルン
AGag3

小さなお子さまがいる保護者も安心
L

デザインと文字の関係
DB

The Future of the World
M

吾輩は猫である。名前はまだ無い。どこで生れたかとんと見当がつかぬ。何でも薄暗いじめじめした所でニャーニャー泣いていた事だけは記憶している。吾輩はここで始めて人間
R

介護ほけん
B

世界中の子どもたちへ
M

持続可能な社会
H

信頼感
親しみ

TBUD丸ゴシック
てぃーびーゆーでぃーまるごしっく

日本語フォントメニュー名：TBUD丸ゴシック Std　文字セット：A-J1-3(Std)
英語フォントメニュー名：TBUDRGothic Std

#UD書体 #タイプバンク #短文 #小見出し #大見出し

永あ

あ あ あ あ
SL R B H

気軽にクリニックにお越しください
SL

デザインと文字の関係
B

The Future of the World
R

吾輩は猫である。名前はまだ無い。どこで生れたかとんと見当がつかぬ。何でも薄暗いじめじめした所でニャーニャー泣いていた事だけは記憶している。吾輩はここで始めて人間
R

交換留学生
B

悩みや不安に寄り添う
R

あおぎす
なのぱも
アオサダ
ポミルン
AGag3

持続可能な社会
H

ヒラギノUD丸ゴ
ひらぎのゆーでぃーまるご

日本語フォントメニュー名：ヒラギノUD丸ゴ StdN　文字セット：A-J1-3(StdN)
英語フォントメニュー名：Hiragino UD Sans Rd StdN

#UD書体 #ヒラギノ #短文 #小見出し #大見出し

永あ

あ あ あ あ
W3 W4 W5 W6

プロなら学んでおきたい介護の基礎
W3

デザインと文字の関係
W5

The Future of the World
W4

吾輩は猫である。名前はまだ無い。どこで生れたかとんと見当がつかぬ。何でも薄暗いじめじめした所でニャーニャー泣いていた事だけは記憶している。吾輩はここで始めて人間
W3

奨学金制度
W5

赤ちゃんとパパの味方
W4

あおぎす
なのぱも
アオサダ
ポミルン
AGag39

持続可能な社会
W6

信頼感
親しみ

UDデジタル教科書体
ゆーでぃーでじたるきょうかしょたい

日本語フォントメニュー名：UDデジタル教科書体 ProN　文字セット：A-J1-4(ProN)
英語フォントメニュー名：UDDigiKyokasho ProN

#UD書体 #タイプバンク #本文 #短文 #小見出し #大見出し

永あ
あ あ あ あ
R M B H

▶p.83

史資料と図版が豊富なワークブック
R

持続可能な社会
B

こぶりなゴシック

日本語フォントメニュー名：こぶりなゴシック StdN　文字セット：A-J1-3(StdN)
英語フォントメニュー名：Koburina Gothic StdN

#ゴシック体 #ヒラギノ #本文 #短文 #小見出し

永あ
あ あ あ あ
W1 W3 W6 W9

▶p.142

識字教育を届けるためのアクション
W3

持続可能な社会
W6

Clarimo UD PE
くらりもゆーでぃーぴーいー

日本語フォントメニュー名：Clarimo UD PE　文字セット：PE（ラテン）
英語フォントメニュー名：Clarimo UD PE

#Universal Design #モリサワ #本文 #短文 #小見出し #大見出し

Aa3

a ExtraLight　a Light　a Regular
a Medium　a DemiBold　a Bold
a Heavy　a Ultra
a ExtraLight Italic　a Light Italic　a Italic
a Medium Italic　a DemiBold Italic　a Bold Italic
a Heavy Italic　a Ultra Italic

Learning is the Key to Success
DemiBold

As young readers like to know "HOW PEOPLE LOOK," we will take this moment to give them a little sketch of the four sisters, who sat knitting away in the twilight, *while the December snow fell quietly without, and the fire crackled*
Regular & Italic

Product Profitability
Bold Italic

Hamburgefonstiv 1726
ExtraLight

Exchange **Bureau**
Lihgt & Ultra

信頼感

明るい

UD新ゴ（AP版）
ゆーでぃーしんごえーぴーばん

日本語フォントメニュー名：A P-OTF UD新ゴ Pr6N　文字セット：A-J1-7(Pr6N)
英語フォントメニュー名：A P-OTF UD Shin Go Pr6N

#UD書体 #モリサワ #短文 #小見出し #大見出し

永あ

あ あ あ あ
EL L R M
あ あ あ あ
DB B H U

あおぎす
なのぱも
アオサダ
ポミルン
AGag39

ピクトグラムで誰にでも伝わる表示
L

デザインと文字の関係
DB

The Future of the World
M

吾輩は猫である。名前はまだ無い。どこで生れたかとんと見当がつかぬ。何でも薄暗いじめじめした所でニャーニャー泣いていた事だけは記憶している。吾輩はここで始めて人間
R

体の不自由な方を優先
B

受信トレイ
U

持続可能な社会
H

ナウ（ゴシック）

日本語フォントメニュー名：RoナウStd GM　文字セット：A-J1-3(Std)
英語フォントメニュー名：Ro NOW Std GM

#ゴシック体 #タイプバンク #短文 #小見出し #大見出し

永あ

あ あ あ あ
GM GB GE GU

あおぎす
なのぱも
アオサダ
ポミルン
AGag3

つり革や手すりにお掴まりください
GM

デザインと文字の関係
GB

The Future of the World
GM

吾輩は猫である。名前はまだ無い。どこで生れたかとんと見当がつかぬ。何でも薄暗いじめじめした所でニャーニャー泣いていた事だけは記憶している。吾輩はここで始めて人間
GM

大月行きが発車します
GM

アプリ決済
GE

持続可能な社会
GU

信頼感

明るい

UD新ゴ コンデンス80（AP版）

ゆーでぃーしんごこんでんすはちじゅうえーぴーばん

日本語フォントメニュー名：A P-OTF UD新ゴコンデ80 Pr6N　文字セット：A-J1-6(Pr6N)
英語フォントメニュー名：A P-OTF UD Shin Go Con80 Pr6N

#UD書体 #モリサワ #短文 #小見出し #大見出し

永あ

あ あ あ あ
EL L R M
あ あ あ あ
DB B H U

あおぎす
なのぱも
アオサダ
ポミルン
AGag3

第二回エキナカ北海道ごちそうフェア開催中 L

デザインと文字の関係を学ぶ R

The Future of the World R

吾輩は猫である。名前はまだ無い。どこで生れたかとんと見当がつかぬ。何でも薄暗いじめじめした所でニャーニャー泣いていた事だけは記憶している。吾輩はここで始めて人間というものを見た。しかもあとで聞くとそれ R

この先右折 H

原材料の管理・徹底を B

持続可能な社会を。 U

TBUDゴシック

てぃーびーゆーでぃーごしっく

日本語フォントメニュー名：TBUDゴシック Std　文字セット：A-J1-3(Std)
英語フォントメニュー名：TBUDGothic Std

#UD書体 #タイプバンク #短文 #小見出し #大見出し

永あ

あ あ あ あ
SL R B E
あ
H

あおぎす
なのぱも
アオサダ
ポミルン
AGag3

きっぷの取り忘れにご注意ください SL

デザインと文字の関係 B

The Future of the World R

吾輩は猫である。名前はまだ無い。どこで生れたかとんと見当がつかぬ。何でも薄暗いじめじめした所でニャーニャー泣いていた事だけは記憶している。吾輩はここで始めて人間 R

お申し込み E

店舗物件ならおまかせ R

持続可能な社会 H

Eminence Pro
えみねんすぷろ

日本語フォントメニュー名：Eminence Pro　文字セット：Pro（ラテン）
英語フォントメニュー名：Eminence Pro

#Sans Serif #モリサワ #短文 #小見出し #大見出し

Aa3

a Thin　a Regular　a Medium
a Bold　a Black
a Thin Italic　a Italic　a Bold Italic
a Black Italic

Learning is the Key to Success

Medium

As young readers like to know "HOW PEOPLE LOOK," we will take this moment to give them a little sketch of the four sisters, who sat knitting away in the twilight, *while the December snow fell quietly without, and the fire crackled cheerfully within.*

Regular & Italic

Global Market Indices

Bold Italic

Hamburgefonstiv 1726

Thin

Investment **Trust**

Regular & Black

Prelude Pro
ぷれりゅーどぷろ

日本語フォントメニュー名：Prelude Pro　文字セット：Pro（ラテン）
英語フォントメニュー名：Prelude Pro

#Sans Serif #モリサワ #本文 #短文 #小見出し #大見出し

Aa3

a Light　a Medium　a Bold
a Black
a Light Italic　a Medium Italic　a Bold Italic
a Black Italic

Learning is the Key to Success

Bold

AS YOUNG READERS LIKE TO KNOW "HOW PEOPLE LOOK," we will take this moment to give them a little sketch of the four sisters, who sat knitting away in the twilight, *while the December snow fell quietly without, and the fire crackled cheerfully*

Medium & Medium Italic

Digital Transformation 2024

Bold Italic

Hamburgefonstiv 1726

Light

TECH **AWARD**

Medium & Black

信頼感
素朴

見出ゴMB31
みだしごえむびいさんじゅういち

日本語フォントメニュー名：A P-OTF 見出ゴMB31 Pr6N　文字セット：A-J1-7(Pr6N)
英語フォントメニュー名：A P-OTF Midashi Go MB31 Pr6N

#ゴシック体 #モリサワ #短文 #小見出し #大見出し

永あ
あ

厚い雲に覆われて鬱蒼とした五月闇
デザインと文字の関係
The Future of the World

北国の植生

梅雨明け後に夏至南風

あおぎす
なのぱも
アオサダ
ポミルン
AGag39

吾輩は猫である。名前はまだ無い。どこで生れたかとんと見当がつかぬ。何でも薄暗いじめじめした所でニャーニャー泣いていた事だけは記憶している。吾輩はここで始めて人間

持続可能な社会

太ゴB101
ふとごびいいちまるいち

日本語フォントメニュー名：A P-OTF 太ゴB101 Pr6N　文字セット：A-J1-7(Pr6N)
英語フォントメニュー名：A P-OTF Futo Go B101 Pr6N

#ゴシック体 #モリサワ #短文 #小見出し #大見出し

永あ
あ

あたりはしんと静まりかえり山眠る
デザインと文字の関係
The Future of the World

あられ注意

いきなり霙が降りだす

あおぎす
なのぱも
アオサダ
ポミルン
AGag39

吾輩は猫である。名前はまだ無い。どこで生れたかとんと見当がつかぬ。何でも薄暗いじめじめした所でニャーニャー泣いていた事だけは記憶している。吾輩はここで始めて人間

持続可能な社会

信頼感
力強い

ゴシックMB101
ごしっくえむびいいちまるいち

日本語フォントメニュー名：A P-OTF ゴシックMB101 Pr6N　文字セット：A-J1-7(Pr6N)
英語フォントメニュー名：A P-OTF Gothic MB101 Pr6N

#ゴシック体 #モリサワ #本文 #短文 #小見出し #大見出し

永あ

あ あ あ あ
L R M DB
あ あ あ
B H U

あおぎす
なのぱも
アオサダ
ポミルン
AGag3

クライアントの本音を引き出し把握
L

デザインと文字の関係
B

The Future of the World
M

吾輩は猫である。名前はまだ無い。どこで生れたかとんと見当がつかぬ。何でも薄暗いじめじめした所でニャーニャー泣いていた事だけは記憶している。吾輩はここで始めて人間
R

ご紹介特典
H

営業成績を大幅アップ
DB

持続可能な社会
U

凸版文久見出しゴシック
とっぱんぶんきゅうみだしごしっく

日本語フォントメニュー名：A P-OTF 凸版文久見出ゴ StdN　文字セット：A-J1-3(StdN)
英語フォントメニュー名：A P-OTF Bunkyu MidasiG StdN

#ゴシック体 #モリサワ #大見出し

永あ

あ

これがラストチャンスの超得セール

デザインと文字の関係

The Future of the World

あおぎす
なのぱも
アオサダ
ポミルン
AGag39

みどり博

今なら半額

地域最安値の目玉商品

持続可能な社会

かわいい
楽しい
レトロ
物語性
和風
パワフル
やさしい
洗練
風格
信頼感 力強い
読ませる

信頼感

力強い

ヒラギノ角ゴ
ひらぎのかくご

日本語フォントメニュー名：ヒラギノ角ゴ StdN　文字セット：A-J1-3(StdN)
英語フォントメニュー名：Hiragino Kaku Gothic StdN

#ゴシック体 #ヒラギノ #小見出し #大見出し

永あ

あ あ あ あ あ
W0 W1 W2 W3 W4
あ あ あ あ あ
W5 W6 W7 W8 W9

あおぎす
なのぱも
アオサダ
ポミルン
AGag39

いつでもどこでもハイスピード接続
W2

デザインと文字の関係
W6

The Future of the World
W0

吾輩は猫である。名前はまだ無い。どこで生れたかとんと見当がつかぬ。何でも薄暗いじめじめした所でニャーニャー泣いていた事だけは記憶している。吾輩はここで始めて人間
W3

スマート便
W8

ITエンジニアを大募集
W4

持続可能な社会
W9

黎ミンY30
れいみんわいさんじゅう

日本語フォントメニュー名：A P-OTF 黎ミンY30 Pr6N　文字セット：A-J1-7(Pr6N)
英語フォントメニュー名：A P-OTF Reimin Y30 Pr6N

#明朝体 #モリサワ #本文 #短文 #小見出し #大見出し

永あ

あ あ あ あ
M B EB H
あ あ
EH U

あおぎす
なのぱも
アオサダ
ポミルン
AGag39

転職エージェントが採用のお手伝い
M

デザインと文字の関係
B

The Future of the World
B

吾輩は猫である。名前はまだ無い。どこで生れたかとんと見当がつかぬ。何でも薄暗いじめじめした所でニャーニャー泣いていた事だけは記憶している。吾輩はここで始めて人間
M

口コミ評価
EH

同時視聴イベント開催
M

持続可能な社会
U

信頼感
力強い

秀英横太明朝
しゅうえいよこぶとみんちょう

日本語フォントメニュー名：A P-OTF 秀英横太明朝 StdN　文字セット：A-J1-3(StdN)
英語フォントメニュー名：A P-OTF Shuei YobuMin StdN
#明朝体 #モリサワ #短文 #小見出し #大見出し

永あ

あ あ
M B

あおぎす
なのぱも
アオサダ
ポミルン
AGag39

お客様満足度No.1ソリューション
M

デザインと文字の関係
B

The Future of the World
M

吾輩は猫である。名前はまだ無い。どこで生れたかとんと見当がつかぬ。何でも薄暗いじめじめした所でニャーニャー泣いていた事だけは記憶している。吾輩はここで始めて人間
M

会員様限定
B

早期割引プランで行く
M

持続可能な社会
B

Role Slab Text Pro
ろーるすらぶてきすとぷろ

日本語フォントメニュー名：Role Slab Text Pro　文字セット：Pro（ラテン）
英語フォントメニュー名：Role Slab Text Pro
#Serif #モリサワ #本文 #短文 #小見出し

Aa3

a	a	a
Thin	ExtraLight	Light
Regular	Medium	Bold
ExtraBold	Heavy	Black
Thin Italic	ExtraLight Italic	Light Italic
Italic	Medium Italic	Bold Italic
ExtraBold Italic	Heavy Italic	Black Italic

Learning is the Key to Success
Bold

AS YOUNG READERS LIKE TO KNOW "HOW PEOPLE LOOK," we will take this moment to give them a little sketch of the four sisters, who sat knitting away in the twilight, *while the December snow fell quietly without, and the fire crackled cheerfully*
Regular & Italic

Documentary Film of Life
Bold Italic

Hamburgefonstiv 1726
ExtraLight

Discover **Earth**
Light & Black

かわいい 楽しい レトロ 物語性 和風 パワフル やさしい 洗練 風格 信頼感 力強い 読ませる

KAORU
+81-90-222-0
2-6-25 Shikitsu-Higashi
kmorisawai@morisawa.co.jp
Clarimo UD PE
Role Slab Text Pro
Morisawa Creative Studio
*
森澤 薫
photographer
556-0012 大阪府浪速区敷津東2-6-25
06-6649-2151 Fax:06-6649-2154
kmorisawai@morisawa.co.jp
morisawa.co.jp
本明朝, Star Times Display Pro
Morisawa Kaoru
森澤 薫
グラフィックデザイナー
M
MORISAWA DESIGN
〒556-0012
大阪府浪速区敷津東2-6-25
Tel:06-6649-2151
Fax:06-6649-2154
Email:kmorisawai@morisawa.co.jp
ゴシックMB101, Prelude Pro
Kaoru Morisawa
Consultant
+81-90-222-000
kmorisawai@morisawa.co.jp
Morisawa Inc.
www.morisawa.co.jp
2-6-25
Shikitsu-Higashi
Naniwa-ku,Osaka
Role Slab Text Pro
KAORU MORISAWA
Designer
HEAD OFFICE
2-6-25 Shikitsu-Higashi Naniwa-ku,
Osaka 556-0012 Japan
+81-90-222-000
kmorisawai@morisawa.co.jp
www.morisawa.co.jp
Eminence Pro
Morisawa Kaoru
森澤 薫
グラフィックデザイナー
森澤 薫
経理課
〒556-0012
大阪府浪速区敷津東2-6-25
Tel:06-6649-2151
Fax:06-6649-2154
UD新丸ゴ

読ませる
端正

リュウミン

日本語フォントメニュー名：A P-OTF リュウミン Pr6N　文字セット：A-J1-7(Pr6N)
英語フォントメニュー名：A P-OTF Ryumin Pr6N
#明朝体 #モリサワ #本文 #短文 #小見出し #大見出し

飛ぶ燕が季節を告げる
L

想いを紡ぐ
B

デザインと文字の関係
EB

Storyteller & Novelist
M

吾輩は猫である。名前はまだ無い。どこで生れたかとんと見当がつかぬ。何でも薄暗いじめじめした所でニャーニャー泣いていた事だけは記憶している。吾輩はここで始
R

雀色に染まる空
H

様々な楽器をもって舞台へあがった
M

永あ

あ L-KL　あ R-KL　あ M-KL　あ B-KL
あ EB-KL　あ H-KL　あ EH-KL　あ U-KL

あおぎす
なのぱも
アオサダ
ポミルン
AGag39

本明朝-Book（標準がな）
ほんみんちょうぶっくひょうじゅんがな

日本語フォントメニュー名：Ro本明朝Pr5N Book　文字セット：A-J1-5(Pr5N)
英語フォントメニュー名：Ro Hon Mincho Pr5N Book
#明朝体 #タイプバンク #本文 #短文

カラマツが赤く染まる

和やかな光

デザインと文字の関係

Storyteller & Novelist

吾輩は猫である。名前はまだ無い。どこで生れたかとんと見当がつかぬ。何でも薄暗いじめじめした所でニャーニャー泣いていた事だけは記憶している。吾輩はここで始

雀色に染まる空

桜の樹の下には屍体が埋まっている

永あ

あ

あおぎす
なのぱも
アオサダ
ポミルン
AGag39

読ませる
端正

凸版文久明朝
とっぱんぶんきゅうみんちょう

日本語フォントメニュー名：A P-OTF 凸版文久明朝 Pr6N　文字セット：A-J1-7(Pr6N)
英語フォントメニュー名：A P-OTF Bunkyu Mincho Pr6N

#明朝体 #モリサワ #本文 #短文 #小見出し

彼は油断ならない男だ

偶然の産物

デザインと文字の関係

Storyteller & Novelist

吾輩は猫である。名前はまだ無い。どこで生れたかとんと見当がつかぬ。何でも薄暗いじめじめした所でニャーニャー泣いていた事だけは記憶している。吾輩はここで始

雀色に染まる空

生涯のうちでは呑気な時間であった

永あ

あ

あおぎす
なのぱも
アオサダ
ポミルン
AGag39

CaslonMO Pro
きゃすろんえむおーぷろ

日本語フォントメニュー名：CaslonMO Pro　文字セット：Pro（ラテン）
英語フォントメニュー名：CaslonMO Pro

#Serif #モリサワ #本文 #短文 #小見出し

Aa3

a Light　a Regular　a Bold
a Heavy
a Light Italic　*a* Italic　*a* Bold Italic
a Heavy Italic

Philosophy and Poetry
Bold

As young readers like to know “HOW PEOPLE LOOK,” we will take this moment to give them a little sketch of the four sisters, who sat knitting away in the twilight, *while the December snow fell quietly without, and the fire crackled cheerfully*
Regular & Italic

The Global Finance Magazine
Bold Italic

Hamburgefonstiv 1726
Light

Monthly **Report**
Regular & Heavy

読ませる
クラシック

リュウミン オールドがな+
りゅうみんおーるどがなぷらす

日本語フォントメニュー名：A P-OTF リュウミンKO+ ProN　文字セット：A-J1-4(ProN)
英語フォントメニュー名：A P-OTF RyuminKO+ ProN
#明朝体 #モリサワ #本文 #短文 #小見出し

飛ぶ燕が季節を告げる B

日出づる国 U

デザインと文字の関係 EB

Storyteller & Novelist M

吾輩は猫である。名前はまだ無い。どこで生れたかとんと見当がつかぬ。何でも薄暗いじめじめした所でニャーニャー泣いていた事だけは記憶している。吾輩はここで始 R

雀色に染まる空 H

様々な楽器をもって舞台へあがった M

永あ

あ L　あ R　あ M　あ B
あ EB　あ H　あ EH　あ U

あおぎす
なのぱも
アオサダ
ポミルン
AGag39

本明朝 新小がな
ほんみんちょうしんこがな

日本語フォントメニュー名：Ro本明朝新小がなPro　文字セット：A-J1-4(Pro)
英語フォントメニュー名：Ro Hon MinSKok Pro
#明朝体 #タイプバンク #本文 #短文 #小見出し

堪へ得ざるが如き悲泣 L

よもやま話 M

デザインと文字の関係 M

Storyteller & Novelist M

吾輩は猫である。名前はまだ無い。どこで生れたかとんと見当がつかぬ。何でも薄暗いじめじめした所でニャーニャー泣いていた事だけは記憶している。吾輩はここで始 L

雀色に染まる空 M

戀愛神の弱弓では射落されぬ女ぢや L

永あ

あ L　あ M

あおぎす
なのぱも
アオサダ
ポミルン
AGag39

読ませる
クラシック

文游明朝体
ぶんゆうみんちょうたい

日本語フォントメニュー名：文游明朝体 StdN　文字セット：A-J1-3(StdN)
英語フォントメニュー名：Bunyu Mincho StdN

#明朝体 #字游工房 #本文 #短文 #小見出し

少尉が三人やって来て

由緒ある家

デザインと文字の関係

Storyteller & Novelist

吾輩は猫である。名前はまだ無い。どこで生れたかとんと見当がつかぬ。何でも薄暗いじめじめした所でニャーニャー泣いていた事だけは記憶している。吾輩はここで始

雀色に染まる空

將來せられるものがあつた事でせう

永あ

あ

あおぎす
なのぱも
アオサダ
ポミルン
AGag39

游明朝体五号かな
ゆうみんちょうたいごごうかな

日本語フォントメニュー名：游明朝体五号かな　文字セット：-（かな書体）
英語フォントメニュー名：Yu Mincho 5go Kana

#かな明朝体 #字游工房 #本文 #短文 #小見出し

※漢字は游明朝体

やをら立上つて蹌踉と

けふこへて

デザインと文字の関係

Storyteller & Novelist

吾輩は猫である。名前はまだ無い。どこで生れたかとんと見当がつかぬ。何でも薄暗いじめじめした所でニャーニャー泣いていた事だけは記憶している。吾輩はここで始

雀色に染まる空

お生れなさらぬ前の世からのことを

L D R R M D L

永あ

あ あ あ あ
L R M D

あおぎす
なのぱも
アオサダ
ポミルン
AGag39

秀英明朝
しゅうえいみんちょう

日本語フォントメニュー名：A P-OTF 秀英明朝 Pr6N　文字セット：A-J1-7(Pr6N)
英語フォントメニュー名：A P-OTF Shuei Mincho Pr6N

#明朝体 #モリサワ #本文 #短文 #小見出し #大見出し

桐壺の更衣の通り路を
L

お誂え向き
B

デザインと文字の関係
M

Storyteller & Novelist
L

吾輩は猫である。名前はまだ無い。どこで生れたかとんと見当がつかぬ。何でも薄暗いじめじめした所でニャーニャー泣いていた事だけは記憶している。吾輩はここで始
L

雀色に染まる空
M

成長されるこの皇子の美貌と聡明さ
L

永あ

あああ
L M B

あおぎす
なのぱも
アオサダ
ポミルン
AGag39

游ゴシック体
ゆうごしっくたい

日本語フォントメニュー名：游ゴシック体 Pr6N　文字セット：A-J1-7(Pr6N)
英語フォントメニュー名：Yu Gothic Pr6N

#ゴシック体 #字游工房 #本文 #短文 #小見出し #大見出し

退院なさると直でした
L

土地の謂れ
E

デザインと文字の関係
D

Storyteller & Novelist
D

吾輩は猫である。名前はまだ無い。どこで生れたかとんと見当がつかぬ。何でも薄暗いじめじめした所でニャーニャー泣いていた事だけは記憶している。吾輩はここで始
R

雀色に染まる空
B

陸つゞきで亞細亞大陸の奥の方から
M

永あ

ああああ
L R M D
あああ
B E H

あおぎす
なのぱも
アオサダ
ポミルン
AGag39

読ませる
クラシック

中ゴシックBBB
ちゅうごしっくびいびいびい

日本語フォントメニュー名：A P-OTF 中ゴシックBBB Pr6N　文字セット：A-J1-7(Pr6N)
英語フォントメニュー名：A P-OTF Gothic BBB Pr6N

#ゴシック体 #モリサワ #本文 #短文 #小見出し

モオツァルトでさえも
平和の集い
デザインと文字の関係
Storyteller & Novelist
吾輩は猫である。名前はまだ無い。どこで生れたかとんと見当がつかぬ。何でも薄暗いじめじめした所でニャーニャー泣いていた事だけは記憶している。吾輩はここで始
雀色に染まる空
最後にフロルスは詞せはしく問うた

永あ
あ

あおぎす
なのぱも
アオサダ
ポミルン
AGag39

Pietro Display Pro
ぴえとろでぃすぷれいぷろ

日本語フォントメニュー名：Pietro Display Pro　文字セット：Pro（ラテン）
英語フォントメニュー名：Pietro Display Pro

#Serif #モリサワ #短文 #小見出し #大見出し

Aa3

a Thin　a Light　a Regular
a DemiBold　a Bold
a Thin Italic　*a* Light Italic　*a* Italic
a DemiBold Italic　*a* Bold Italic

Philosophy and Poetry
Bold

AS YOUNG READERS LIKE TO KNOW “HOW PEOPLE LOOK,” we will take this moment to give them a little sketch of the four sisters, who sat knitting away in the twilight, *while the December snow fell quietly without, and the fire crackled cheerfully within.*
Regular & Italic

A Violin and Piano Duet
DemiBold Italic

Hamburgefonstiv 1726
Thin

Literature & ***History***
Thin Italic & Bold Italic

読ませる
穏やか

游明朝体
ゆうみんちょうたい

日本語フォントメニュー名：游明朝体 Pr6N　文字セット：A-J1-7(Pr6N)
英語フォントメニュー名：Yu Mincho Pr6N

#明朝体 #字游工房 #本文 #短文 #小見出し

眼を閉じて暫く考えた L

父の温もり E

デザインと文字の関係 M

Storyteller & Novelist M

吾輩は猫である。名前はまだ無い。どこで生れたかとんと見当がつかぬ。何でも薄暗いじめじめした所でニャーニャー泣いていた事だけは記憶している。吾輩はここで始 R

雀色に染まる空 B

この頃の陽の下を旅する人は見ない R

永あ

あ L　あ R　あ M　あ D
あ B　あ E

あおぎす
なのぱも
アオサダ
ポミルン
AGag39

ヒラギノUD明朝
ひらぎのゆーでぃーみんちょう

日本語フォントメニュー名：ヒラギノUD明朝 StdN　文字セット：A-J1-3(StdN)
英語フォントメニュー名：Hiragino UD Serif StdN

#UD書体 #ヒラギノ #本文 #短文 #小見出し

緑豊かな都心の住まい W4

食育を学ぶ W6

デザインと文字の関係 W6

Storyteller & Novelist W4

吾輩は猫である。名前はまだ無い。どこで生れたかとんと見当がつかぬ。何でも薄暗いじめじめした所でニャーニャー泣いていた事だけは記憶している。吾輩はここで始 W4

雀色に染まる空 W6

女性も安心な立地の賃貸マンション W4

永あ

あ W4　あ W6

あおぎす
なのぱも
アオサダ
ポミルン
AGag39

読ませる
穏やか

こぶりなゴシック

日本語フォントメニュー名：こぶりなゴシック StdN　文字セット：A-J1-3(StdN)
英語フォントメニュー名：Koburina Gothic StdN
#ゴシック体 #ヒラギノ #本文 #短文 #小見出し

永あ
あ あ あ あ
W1 W3 W6 W9

あおぎす
なのぱも
アオサダ
ポミルン
AGag39

泣きたい気持ちになったら読む一冊
W1
デザインと文字の関係
W6
Storyteller & Novelist
W3
吾輩は猫である。名前はまだ無い。どこで生れたかとんと見当がつかぬ。何でも薄暗いじめじめした所でニャーニャー泣いていた事だけは記憶している。吾輩はここで始めて人間
W3
思い出の街
W6
次世代に向け地域活性
W3
雀色に染まる空
W9

秀英角ゴシック金
しゅうえいかくごしっくきん

日本語フォントメニュー名：A P-OTF 秀英角ゴシック金 StdN　文字セット：A-J1-3(StdN)
英語フォントメニュー名：A P-OTF Shuei KakuGo Kin StdN
#ゴシック体 #モリサワ #本文 #短文 #小見出し

永あ
あ あ あ
L M B

あおぎす
なのぱも
アオサダ
ポミルン
AGag39

スプレー缶も分別し指定の集積所へ
L
デザインと文字の関係
M
Storyteller & Novelist
L
吾輩は猫である。名前はまだ無い。どこで生れたかとんと見当がつかぬ。何でも薄暗いじめじめした所でニャーニャー泣いていた事だけは記憶している。吾輩はここで始めて人間
M
読み聞かせ
B
車いすバスケ部員募集
L
雀色に染まる空
B

Areon Pro
あれおんぷろ

日本語フォントメニュー名：Areon Pro　文字セット：Pro（ラテン）
英語フォントメニュー名：Areon Pro

#Serif #モリサワ #本文 #短文 #小見出し #大見出し

Aa3

a ExtraLight　a Light　a Regular
a Medium　a Bold　a ExtraBold
a ExtraLight Italic　a Light Italic　a Italic
a Medium Italic　a Bold Italic　a ExtraBold Italic

Philosophy and Poetry
Medium

AS YOUNG READERS LIKE TO KNOW "HOW PEOPLE LOOK," we will take this moment to give them a little sketch of the four sisters, who sat knitting away in the twilight, *while the December snow fell quietly without, and the fire crackled cheer-*
Regular & Italic

Home Cooking Recipes
Bold Italic

Hamburgefonstiv 1726
ExtraLight

Healthy **Eating**
Light & ExtraBold

RS Skolar PE
ろぜったすこらーぴーいー

日本語フォントメニュー名：MP RSSkolar PE　文字セット：-（ラテン）
英語フォントメニュー名：MP RSSkolar PE

#Serif #Rosetta #本文 #短文 #小見出し

Aa3

a Regular　a Semibold　a Bold

Philosophy and Poetry
SemiBold

As young readers like to know "HOW PEOPLE LOOK," we will take this moment to give them a little sketch of the four sisters, who sat knitting away in the twilight, while the December snow fell quietly without, and the fire crackled cheerfully within. Regular

EDUCATIONAL INSTITUTION
Bold

Hamburgefonstiv 1726
Regular

Academic **Research**
Regular & Bold

読ませる
客観的

黎ミン
れいみん

日本語フォントメニュー名：A P-OTF 黎ミン Pr6N　文字セット：A-J1-7(Pr6N)
英語フォントメニュー名：A P-OTF Reimin Pr6N

#明朝体 #モリサワ #本文 #短文 #小見出し #大見出し

永あ

あ あ あ あ
L R M B
あ あ あ あ
EB H EH U

あおぎす
なのぱも
アオサダ
ポミルン
AGag39

ネットならたったの5分で口座開設
L

デザインと文字の関係
B

Storyteller & Novelist
M

吾輩は猫である。名前はまだ無い。どこで生れたかとんと見当がつかぬ。何でも薄暗いじめじめした所でニャーニャー泣いていた事だけは記憶している。吾輩はここで始めて人間
R

実践英会話
EB

今日の株価をチェック
R

雀色に染まる空
EH

ヒラギノ明朝
ひらぎのみんちょう

日本語フォントメニュー名：ヒラギノ明朝 StdN　文字セット：A-J1-5(ProN)
英語フォントメニュー名：Hiragino Mincho StdN

#明朝体 #ヒラギノ #本文 #短文 #小見出し #大見出し

永あ

あ あ あ あ
W2 W3 W4 W5
あ あ あ
W6 W7 W8

あおぎす
なのぱも
アオサダ
ポミルン
AGag39

実践で学ぶ現場マネジメントの鉄則
W2

デザインと文字の関係
W6

Storyteller & Novelist
W4

吾輩は猫である。名前はまだ無い。どこで生れたかとんと見当がつかぬ。何でも薄暗いじめじめした所でニャーニャー泣いていた事だけは記憶している。吾輩はここで始めて人間
W3

起業ガイド
W7

スタートアップ超戦略
W3

雀色に染まる空
W8

あおとゴシック

日本語フォントメニュー名：A P-OTF あおとゴシック StdN　文字セット：A-J1-3(StdN)
英語フォントメニュー名：A P-OTF Aoto Gothic StdN

#ゴシック体 #モリサワ #本文 #短文 #小見出し

永あ

あ あ あ あ
EL L R M
あ あ あ
DB B EB

あおぎす
なのぱも
アオサダ
ポミルン
AGag39

観光におけるサステナビリティ再考
EL

デザインと文字の関係
DB

Storyteller & Novelist
M

吾輩は猫である。名前はまだ無い。どこで生れたかとんと見当がつかぬ。何でも薄暗いじめじめした所でニャーニャー泣いていた事だけは記憶している。吾輩はここで始めて人間
R

経済コラム
B

プロ直伝メディア集客
L

雀色に染まる空
EB

凸版文久ゴシック

とっぱんぶんきゅうごしっく

日本語フォントメニュー名：A P-OTF 凸版文久ゴ Pr6N　文字セット：A-J1-7(Pr6N)
英語フォントメニュー名：A P-OTF Bunkyu Gothic Pr6N

#ゴシック体 #モリサワ #本文 #短文 #小見出し

永あ

あ あ
R DB

あおぎす
なのぱも
アオサダ
ポミルン
AGag39

経営者が身につけたい15のスキル
R

デザインと文字の関係
R

Storyteller & Novelist
R

吾輩は猫である。名前はまだ無い。どこで生れたかとんと見当がつかぬ。何でも薄暗いじめじめした所でニャーニャー泣いていた事だけは記憶している。吾輩はここで始めて人間
R

自己投資術
DB

職場で使える褒め言葉
DB

雀色に染まる空
DB

読ませる
客観的

ヒラギノUD角ゴ
ひらぎのゆーでぃーかくご

日本語フォントメニュー名：ヒラギノUD角ゴ StdN　文字セット：A-J1-3(StdN)
英語フォントメニュー名：Hiragino UD Sans StdN
#UD書体 #ヒラギノ #短文 #小見出し #大見出し

永あ
あ W3　あ W4　あ W5　あ W6

僧侶が教えるマインドフルネス入門 W3
デザインと文字の関係 W5
Storyteller & Novelist W4

集中力向上 W6
アウトプット変革教本 W3

あおぎす
なのぱも
アオサダ
ポミルン
AGag39

吾輩は猫である。名前はまだ無い。どこで生れたかとんと見当がつかぬ。何でも薄暗いじめじめした所でニャーニャー泣いていた事だけは記憶している。吾輩はここで始めて人間 W3

雀色に染まる空 W6

Sharoa Pro
しゃろあぷろ

日本語フォントメニュー名：Sharoa Pro　文字セット：Pro（ラテン）
英語フォントメニュー名：Sharoa Pro
#Sans Serif #モリサワ #本文 #短文 #小見出し #大見出し

Aa3

a UltraLight　a ExtraLight　a Light
a Regular　a Medium　a DemiBold
a Bold　a ExtraBold　a Heavy
a Ultra

a UltraLight Italic　*a* ExtraLight Italic　*a* Light Italic
a Italic　*a* Medium Italic　*a* DemiBold Italic
a Bold Italic　*a* ExtraBold Italic　*a* Heavy Italic
a Ultra Italic

Philosophy and Poetry DemiBold

AS YOUNG READERS LIKE TO KNOW "HOW PEOPLE LOOK," we will take this moment to give them a little sketch of the four sisters, who sat knitting away in the twilight, *while the December snow fell quietly without, and the fire crackled cheerfully within.* Regular & Italic

Strive for Sustainability ExtraBold Italic

Hamburgefonstiv 1726 UltraLight

Clean **Energy** ExtraLight & Ultra

Role Sans Text Pro
ろーるさんずてきすとぷろ

日本語フォントメニュー名：Role Sans Text Pro　文字セット：Pro（ラテン）
英語フォントメニュー名：Role Sans Text Pro
#Sans Serif　#モリサワ　#本文　#短文　#小見出し　#大見出し

Aa3

a Thin　a ExtraLight　a Light
a Regular　a Medium　a Bold
a ExtraBold　a Heavy　a Black
a Thin Italic　a ExtraLight Italic　a Light Italic
a Italic　a Medium Italic　a Bold Italic
a ExtraBold Italic　a Heavy Italic　a Black Italic

Philosophy and Poetry
Medium

As young readers like to know "HOW PEOPLE LOOK," we will take this moment to give them a little sketch of the four sisters, who sat knitting away in the twilight, *while the December snow fell quietly without, and the fire crackled cheerfully within.*
Regular & Italic

Business Management
Medium Italic

Hamburgefonstiv 1726
Thin

Growth **Hacking**
Light & Black

Role Serif Display Pro
ろーるせりふでぃすぷれいぷろ

日本語フォントメニュー名：Role Serif Display Pro　文字セット：Pro（ラテン）
英語フォントメニュー名：Role Serif Display Pro
#Serif　#モリサワ　#本文　#短文　#小見出し

Aa3

a ExtraLight　a Light　a Regular
a Medium　a Bold　a ExtraBold
a Heavy
a ExtraLight Italic　a Light Italic　a Italic
a Medium Italic　a Bold Italic　a ExtraBold Italic
a Heavy Italic

Philosophy and Poetry
Medium

As young readers like to know "HOW PEOPLE LOOK," we will take this moment to give them a little sketch of the four sisters, who sat knitting away in the twilight, *while the December snow fell quietly without, and the fire crackled cheerfully within.*
Regular & Italic

A Manual for Publication
Bold Italic

Hamburgefonstiv 1726
Regular

Corporate **Value**
Light & ExtraBlack

あおとゴシック、Areon Pro

英文読解講座①

「不思議の国のアリス」を英語で読む
第1章 兎の穴へ

Down the Rabbit Hole

Alice was beginning to get very tired of sitting by her sister on the bank, and of having nothing to do: once or twice she had peeped into the book her sister was reading, but it had no pictures or conversations in it, "and what is the use of a book," thought Alice, "without pictures or conversations?"

リュウミン、CaslonMO Condensed Pro

月夜と眼鏡

The moonlight and the glasses

町も、野も、いたるところ、緑の葉につつまれているころでありました。ランプの火が、あたりを平和に照らしていました。おばあさんは、もういい年でありましたから、目がかすんで、針のめどによく糸が通らないので、ランプの火に、いくたびも、すかしてながめたり、また、しわのよった指さきで、ほそい糸をよったりしていました。

眠い町

ケーがこの世界を旅行したことがありました。ある日、彼は不思議な町にきました。この町は「眠い町」という名がついておりました。見ると、なんとなく活気がない。また音ひとつ聞こえてこない寂然とした町であります。また建物といってはいずれも古びていて、壊れ

特徴で探す

使いたい書体を「15の特徴」で探せるよう
カテゴライズ。イメージする書体の
デザインや制作物の媒体から
フォントを選ぶことができます。

ジャンル

ペン字・手書き
筆文字
にじみ
連綿・リガチャ・スワッシュ
装飾的
太さ
コントラスト
字面
長体（コンデンス）
スタイル展開
新聞・記事
オンスクリーン
教育用
UDフォント
多言語対応ファミリー

※本項では「Morisawa Fonts」で提供される書体のうち代表的なものを掲載しています。

ペン字・手書き

ペンや小筆などを利用した手書き文字を再現したデザインです。手書きならではの自由な字形や、筆記用具に由来する個性的な風合いが特徴です。スピード感のあるメモ書きのような作風から、ゆっくり丁寧に書かれた手紙をイメージさせる書体まで、肉声感のある表現に最適です。

ぺんぱる

あ

モリサワ | A P-OTF ぺんぱる StdN

デザインと文字の関係性を探る
あなたの愛読書と今年イチオシGraphic19選

▶p.88

プフ ホリデー

あ

モリサワ | A P-OTF プフ ホリデー Min2

デザインと文字の関係性を探る
あなたの愛読書と今年イチオシGraphic19選

▶p.22, p.88

トーキング

あ

モリサワ | A P-OTF トーキング StdN

デザインと文字の関係性を探る
あなたの愛読書と今年イチオシGraphic19選

▶p.56, p.83

シネマレター

あ

モリサワ | A P-OTF シネマレター StdN

デザインと文字の関係性を探る
あなたの愛読書と今年イチオシGraphic19選

▶p.55, p.175

くろまめ

あ

モリサワ | A P-OTF くろまめ StdN

デザインと文字の関係性を探る
あなたの愛読書と今年イチオシGraphic19選

▶p.55, p.175

タカポッキ

あ

モリサワ | A P-OTF タカポッキ Min

デザインと文字の関係性を探る
あなたの愛読書と今年イチオシGraphic19選

▶p.20, p.32

タカ風太
たかふうた

あ

モリサワ | A P-OTF タカ風太 Min2

デザインと文字の関係性を探る
あなたの愛読書と今年イチオシGraphic19選

▶p.24

小琴 遊かな
こきんゆうかな

あ

モリサワ | A P-OTF 小琴遊かな StdN

デザインと文字の関係性を探る
あなたの愛読書と今年イチオシGraphic19選

▶p.87, p.157

武蔵野 草かな+
むさしのそうかなぷらす

あ

モリサワ｜A P-OTF 武蔵野草かな+ StdN

デザインと文字の関係性を探る

あなたの愛読書と今年イチオシGraphic19選

はせ筆
はせふで

あ

モリサワ｜A P-OTF はせ筆 StdN

デザインと文字の関係性を探る

あなたの愛読書と今年イチオシGraphic19選

▶p.67, p.157, p.160

白妙
しろたえ

あ あ
L M

モリサワ｜A P-OTF 白妙 StdN

デザインと文字の関係性を探る

あなたの愛読書と今年イチオシGraphic19選

▶p.87, p.168

TBカリグラゴシック
てぃーびーかりぐらごしっく

あ あ あ
R E U

タイプバンク｜TBカリグラゴシック Std

デザインと文字の関係性を探る

あなたの愛読書と今年イチオシGraphic19選

※ RのみMorisawa Fontsに搭載

▶p.40

翠流ゆゆポップ
すいりゅうゆゆぽっぷ

あ

モリサワ｜A P-OTF 翠流ゆゆポップ StdN

デザインと文字の関係性を探る

あなたの愛読書と今年イチオシGraphic19選

▶p.29, p166

Abelha Pro
あべーりゃぷろ

a a a

3ウエイト3書体｜ExtraLight–DemiBold

モリサワ｜Abelha Pro

Typography & DESIGN

19 of your favorite books and lovely graphics.

▶p.97, p.161, p.169

筆文字
楷書体

書の長い伝統の中で生まれた「隷書」「行書」「草書」「楷書」などの書体の他に、「勘亭流」「髭文字」「教科書体」など、文化や社会の流れの中から生まれた筆文字があります。また、近年ではより自由な発想を取り入れたデザイン系の筆文字も多く登場しています。

正楷書CB1
せいかいしょしいびいわん

あ

モリサワ｜A P-OTF 正楷書CB1 Pr5N

デザインと文字の関係性を探る
あなたの愛読書と今年イチオシGraphic19選

新正楷書CBSK1
しんせいかいしょしいびいえすけいわん

あ

モリサワ｜A P-OTF 新正楷書CBSK1 Pr5N

デザインと文字の関係性を探る
あなたの愛読書と今年イチオシGraphic19選

▶p.60, p.118

楷書MCBK1
かいしょえむしいびいけいわん

あ

モリサワ｜A P-OTF 楷書MCBK1 ProN

デザインと文字の関係性を探る
あなたの愛読書と今年イチオシGraphic19選

▶p.61, p164

史仙堂楷書体
しせんどうかいしょたい

あ

字游工房｜史仙堂楷書体 StdN

デザインと文字の関係性を探る
あなたの愛読書と今年イチオシGraphic19選

▶p.58

欧体楷書
おうたいかいしょ

あ

モリサワ｜A P-OTF 欧体楷書 StdN

デザインと文字の関係性を探る
あなたの愛読書と今年イチオシGraphic19選

▶p.92

日活正楷書体
にっかつせいかいしょたい

あ

タイプバンク｜Ro日活正楷書体Std

デザインと文字の関係性を探る
あなたの愛読書と今年イチオシGraphic19選

▶p.60, p.122

花蓮華
はなれんげ

あ あ あ
L M B

タイプバンク｜RA花蓮華 Std

デザインと文字の関係性を探る
あなたの愛読書と今年イチオシGraphic19選

▶p.91

昭和楷書
しょうわかいしょ

あ

昭和書体｜A_KSO 昭和楷書

デザインと文字の関係性を探る
あなたの愛読書と今年イチオシGraphic19選

▶p.71

角新行書
かくしんぎょうしょ

あ あ
L M

モリサワ｜A P-OTF 角新行書 StdN

デザインと文字の関係性を探る

あなたの愛読書と今年イチオシGraphic19選

▶p.60

錦麗行書
きんれいぎょうしょ

あ

モリサワ｜A P-OTF 錦麗行書 StdN

デザインと文字の関係性を探る

あなたの愛読書と今年イチオシGraphic19選

▶p.65

澄月
ちょうげつ

あ

モリサワ｜A P-OTF 澄月 Min2

デザインと文字の関係性を探る

あなたの愛読書と今年イチオシGraphic19選

▶p.65, p.161

篠
しの

あ あ
M B

タイプバンク｜Ro篠Std

デザインと文字の関係性を探る

あなたの愛読書と今年イチオシGraphic19選

▶p.59

羽衣
はごろも

あ あ
M B

タイプバンク｜Ro羽衣Std

デザインと文字の関係性を探る

あなたの愛読書と今年イチオシGraphic19選

▶p.59

ヒラギノ行書
ひらぎのぎょうしょ

あ あ
W4 W8

ヒラギノ｜ヒラギノ行書 StdN

デザインと文字の関係性を探る

あなたの愛読書と今年イチオシGraphic19選

▶p.58

江川活版三号行書仮名
えがわかっぱんさんごうぎょうしょかな

あ

ヒラギノ｜江川活版三号行書仮名

デザインと文字の関係性を探る

あなたの愛読書と今年イチオシGraphic19選

※漢字はヒラギノ明朝

▶p.109

隷書E1
れいしょいーわん

あ

モリサワ｜A P-OTF 隷書E1 StdN

デザインと文字の関係性を探る
あなたの愛読書と今年イチオシGraphic19選

▶p.110, p.174

隷書101
れいしょいちまるいち

あ

モリサワ｜A P-OTF 隷書101 StdN

デザインと文字の関係性を探る
あなたの愛読書と今年イチオシGraphic19選

▶p.53

陸隷
りくれい

あ

モリサワ｜A P-OTF 陸隷 StdN

デザインと文字の関係性を探る
あなたの愛読書と今年イチオシGraphic19選

▶p.47

花牡丹
はなぼたん

あ

タイプバンク｜RA花牡丹 Std

デザインと文字の関係性を探る
あなたの愛読書と今年イチオシGraphic19選

▶p.53

TB古印体
てぃーびーこいんたい

あ

タイプバンク｜RoTB古印体Std

デザインと文字の関係性を探る
あなたの愛読書と今年イチオシGraphic19選

▶p.54

かもめ龍爪
かもめりゅうそう

あ

モリサワ | A P-OTF かもめ龍爪 StdN

デザインと文字の関係性を探る
あなたの愛読書と今年イチオシGraphic19選

▶p.108

みちくさ

あ

モリサワ | A P-OTF みちくさ StdN

デザインと文字の関係性を探る
あなたの愛読書と今年イチオシGraphic19選

▶p.64, p.88, p.161, p.171

徐明
じょみん

あ

モリサワ | A P-OTF 徐明 StdN

デザインと文字の関係性を探る
あなたの愛読書と今年イチオシGraphic19選

▶p.94, p.168

花胡蝶
はなこちょう

あ あ あ
L M B

タイプバンク | RA花胡蝶 Std

デザインと文字の関係性を探る
あなたの愛読書と今年イチオシGraphic19選

▶p.47

さくらぎ蛍雪
さくらぎけいせつ

あ

モリサワ | A P-OTF さくらぎ蛍雪 StdN

デザインと文字の関係性を探る
あなたの愛読書と今年イチオシGraphic19選

▶p.64

教科書ICA
きょうかしょあいしいえい

あ あ あ
L R M

モリサワ｜A P-OTF 教科書ICA ProN

デザインと文字の関係性を探る
あなたの愛読書と今年イチオシGraphic19選

▶p.119, p.187

游教科書体 New
ゆうきょうかしょたいにゅー

あ あ あ あ
M 横用M B 横用B

字游工房｜游教科書体 New

デザインと文字の関係性を探る
あなたの愛読書と今年イチオシGraphic19選

▶p.119, p.187

勘亭流
かんていりゅう

あ

モリサワ｜A P-OTF 勘亭流 StdN

デザインと文字の関係性を探る
あなたの愛読書と今年イチオシGraphic19選

▶p.68, p.164, p.175

游勘亭流
ゆうかんていりゅう

あ

字游工房｜游勘亭流 OTF

デザインと文字の関係性を探る
あなたの愛読書と今年イチオシGraphic19選

▶p.68, p.164, p.175

ひげ文字
ひげもじ

あ

モリサワ｜A P-OTF ひげ文字 StdN

デザインと文字の関係性を探る
あなたの愛読書と今年イチオシGraphic19選

▶p.69, p.79, p.163

書体	見本	参照
剣閃 けんせん あ モリサワ｜A P-OTF 剣閃 StdN	デザインと文字の関係性を探る あなたの愛読書と今年イチオシGraphic19選	▶p.61, p.73
うたよみ あ モリサワ｜A P-OTF うたよみ StdN	デザインと文字の関係性を探る あなたの愛読書と今年イチオシGraphic19選	▶p.52
黒曜 こくよう あ モリサワ｜A P-OTF 黒曜 StdN	デザインと文字の関係性を探る あなたの愛読書と今年イチオシGraphic19選	▶p.77, p166
小琴 京かな こきんきょうかな あ モリサワ｜A P-OTF 小琴京かな StdN	デザインと文字の関係性を探る あなたの愛読書と今年イチオシGraphic19選	▶p.66
小琴 遊かな こきんゆうかな あ モリサワ｜A P-OTF 小琴遊かな StdN	デザインと文字の関係性を探る あなたの愛読書と今年イチオシGraphic19選	▶p.87, p.150
はせ筆 はせふで あ モリサワ｜A P-OTF はせ筆 StdN	デザインと文字の関係性を探る あなたの愛読書と今年イチオシGraphic19選	▶p.67, p.151, p.160
那欽 なちん あ モリサワ｜A P-OTF 那欽 StdN	デザインと文字の関係性を探る あなたの愛読書と今年イチオシGraphic19選	▶p.67

ペン字・手書き
筆文字
にじみ
連綿・リガチャ・スワッシュ
装飾的
太さ
コントラスト
字面
長体（コンデンス）
スタイル展開
新聞・記事
オンスクリーン
教育用
UDフォント
多言語対応ファミリー

プリティー桃
ぷりてぃーもも

あ

モリサワ｜A P-OTF プリティー桃 StdN

デザインと文字の関係性を探る
あなたの愛読書と今年イチオシGraphic19選

▶p.31, p.175

すずむし

あ

モリサワ｜A P-OTF すずむし StdN

デザインと文字の関係性を探る
あなたの愛読書と今年イチオシGraphic19選

▶p.18, p.177

闘龍
とうりゅう

あ

昭和書体｜A_KSO 闘龍

デザインと文字の関係性を探る
あなたの愛読書と今年イチオシGraphic19選

▶p.62

銀龍
ぎんりゅう

あ

昭和書体｜A_KSO 銀龍

デザインと文字の関係性を探る
あなたの愛読書と今年イチオシGraphic19選

▶p.62

黒龍
こくりゅう

あ

昭和書体｜A_KSO 黒龍

デザインと文字の関係性を探る
あなたの愛読書と今年イチオシGraphic19選

▶p.74

陽炎
かげろう

あ

昭和書体｜A_KSO 陽炎

デザインと文字の関係性を探る
あなたの愛読書と今年イチオシGraphic19選

にじみ

活版印刷や写真植字機による紙面上でのインクのにじみを再現しています。溶けたような独特のアウトラインや、アナログならではの魅力が詰まったゆらぎのある輪郭により、デジタル上においてもテクスチャや情感を生み出すことが可能です。

A1明朝（AP版）
えいわんみんちょうえーぴーばん

あ あ あ
R M B

モリサワ | A P-OTF A1明朝 StdN

デザインと文字の関係性を探る
あなたの愛読書と今年イチオシGraphic19選

▶p.90, p.180

A1ゴシック
えいわんごしっく

あ あ あ あ
L R M B

モリサワ | A P-OTF A1ゴシック StdN

デザインと文字の関係性を探る
あなたの愛読書と今年イチオシGraphic19選

▶p.85, p.176, p.180

くれたけ銘石
くれたけめいせき

あ

モリサワ | A P-OTF くれたけ銘石 StdN

デザインと文字の関係性を探る
あなたの愛読書と今年イチオシGraphic19選

▶p.38, p.106

秀英にじみ明朝
しゅうえいにじみみんちょう

あ

モリサワ | A P-OTF 秀英にじみ明朝 StdN

デザインと文字の関係性を探る
あなたの愛読書と今年イチオシGraphic19選

秀英にじみ四号かな
しゅうえいにじみよんごうかな

あ

モリサワ | A P-OTF 秀英にじみ四号 StdN

デザインと文字の関係性を探る
あなたの愛読書と今年イチオシGraphic19選

▶p.54, p.103

秀英にじみ四号太かな
しゅうえいにじみよんごうふとかな

あ

モリサワ | A P-OTF 秀英にじみ四号太StdN

デザインと文字の関係性を探る
あなたの愛読書と今年イチオシGraphic19選

▶p.72

秀英にじみアンチック
しゅうえいにじみあんちっく

あ

モリサワ | A P-OTF 秀英にじみアンチStdN

デザインと文字の関係性を探る
あなたの愛読書と今年イチオシGraphic19選

▶p.56

秀英にじみ角ゴシック金
しゅうえいにじみかくごしっくきん

あ

モリサワ | A P-OTF 秀英にじみ角ゴ金StdN

デザインと文字の関係性を探る
あなたの愛読書と今年イチオシGraphic19選

秀英にじみ角ゴシック銀
しゅうえいにじみかくごしっくぎん

あ

モリサワ｜A P-OTF 秀英にじみ角ゴ銀StdN

デザインと文字の関係性を探る
あなたの愛読書と今年イチオシGraphic19選

▶p.111

秀英にじみ丸ゴシック
しゅうえいにじみまるごしっく

あ

モリサワ｜A P-OTF 秀英にじみ丸ゴ StdN

デザインと文字の関係性を探る
あなたの愛読書と今年イチオシGraphic19選

▶p.85

武蔵野
むさしの

あ

モリサワ｜A P-OTF 武蔵野 StdN

デザインと文字の関係性を探る
あなたの愛読書と今年イチオシGraphic19選

▶p.66

はせ筆
はせふで

あ

モリサワ｜A P-OTF はせ筆 StdN

デザインと文字の関係性を探る
あなたの愛読書と今年イチオシGraphic19選

▶p.67, p.151, p.157

Citrine Pro
しとりんぷろ

a a **a** **a**

4ウエイト8書体｜Light–Bold & Italics
モリサワ｜MO Citrine Pro

Typography & DESIGN

19 of your favorite books and lovely graphics.

Rocio Pro
ろしおぷろ

a **a** a **a**

4ウエイト8書体｜Regular–Heavy & Italics
モリサワ｜Rocio Pro

Typography & DESIGN

19 of your favorite books and lovely graphics.

▶p.86, p.161

連綿・リガチャ・スワッシュ

連綿・リガチャ・スワッシュを使うと、特定の文字が通常とは異なる字形に切り替わり、手で書いたような続け書きのニュアンスやカリグラフィ由来の装飾的な華やかさを演出できます。文字の並びに応じて自動的に字形が変わるフォントもあります。使用方法についてはp.229を参照ください。

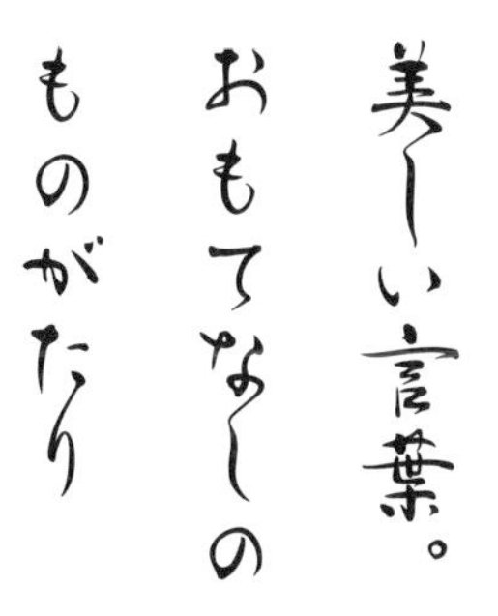

あ

モリサワ
A P-OTF 澄月 Min2

▶p.65, p.153

美しい言葉。
おもてなしの
ものがたり

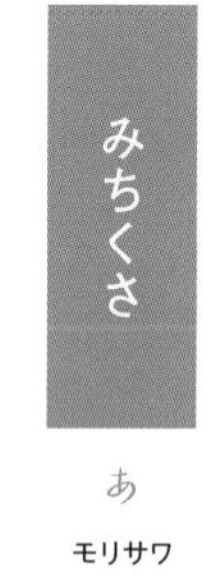

あ

モリサワ
A P-OTF みちくさ StdN

▶p.64, p.88, p.155, p.171

Abelha Pro
あべーりゃぷろ

a a a

3ウエイト3書体｜ExtraLight–DemiBold
モリサワ｜Abelha Pro

Typography & DESIGN

19 of your favorite books and lovely graphics.

▶p.97, p.151, p.169

Rocio Pro
ろしおぷろ

a a a a

4ウエイト8書体｜Regular–Heavy & Italics
モリサワ｜Rocio Pro

Typography & DESIGN

19 of your favorite books and lovely graphics.

▶p.86, p.160

Pietro Display Pro
ぴえとろでぃすぷれいぷろ

a a a a a

5ウエイト10書体｜Thin–Bold & Italics
モリサワ｜Pietro Display Pro

Typography & DESIGN

19 of your favorite books and lovely graphics.

▶p.140

装飾的

白抜きやエンボスをはじめとした、アプリケーション上で加工し装飾されることの多いデザインパターンがあらかじめフォントとして用意されています。迅速かつ容易に、変化に富んだ表現を利用することが可能で、店頭ＰＯＰやパッケージ、チラシやコミックなどの利用に最適です。

新ゴ シャドウ
しんごしゃどう
あ
モリサワ｜A P-OTF 新ゴ Min シャドウ

デザインと文字の関係性を探る
あなたの愛読書と今年イチオシGraphic１９選

新ゴ エンボス
しんごえんぼす
あ
モリサワ｜A P-OTF 新ゴ Min エンボス

デザインと文字の関係性を探る
あなたの愛読書と今年イチオシGraphic１９選

新ゴ ライン
しんごらいん
あ
モリサワ｜A P-OTF 新ゴ Min ライン

デザインと文字の関係性を探る
あなたの愛読書と今年イチオシGraphic１９選

新ゴ 太ライン
しんごふとらいん
あ
モリサワ｜A P-OTF 新ゴ Min 太ライン

デザインと文字の関係性を探る
あなたの愛読書と今年イチオシGraphic１９選

新丸ゴ シャドウ
しんまるごしゃどう
あ
モリサワ｜A P-OTF 新丸ゴ Min シャドウ

デザインと文字の関係性を探る
あなたの愛読書と今年イチオシGraphic19選

新丸ゴ エンボス
しんまるごえんぼす
あ
モリサワ｜A P-OTF 新丸ゴ Min エンボス

デザインと文字の関係性を探る
あなたの愛読書と今年イチオシGraphic19選

新丸ゴ ライン
しんまるごらいん
あ
モリサワ｜A P-OTF 新丸ゴ Min ライン

デザインと文字の関係性を探る
あなたの愛読書と今年イチオシGraphic19選

新丸ゴ 太ライン
しんまるごふとらいん
あ
モリサワ｜A P-OTF 新丸ゴ Min 太ライン

デザインと文字の関係性を探る
あなたの愛読書と今年イチオシGraphic19選

トンネル	デザインと文字の関係性を探る
あ あ 細線 太線	あなたの愛読書と今年イチオシGraphic19選
モリサワ｜A P-OTF トンネル Min	▶p.34, p.165

イカヅチ	デザインと文字の関係性を探る
あ	あなたの愛読書と今年イチオシGraphic19選
モリサワ｜A P-OTF イカヅチ StdN	▶p.74

ひげ文字 ひげもじ	デザインと文字の関係性を探る
あ	あなたの愛読書と今年イチオシGraphic19選
モリサワ｜A P-OTF ひげ文字 StdN	▶p.69, p.79, p.156

翠流デコロマン すいりゅうでころまん	デザインと文字の関係性を探る
あ	あなたの愛読書と今年イチオシGraphic19選
モリサワ｜A P-OTF 翠流デコロマン StdN	▶p.42

白のアリス しろのありす	デザインと文字の関係性を探る
あ	あなたの愛読書と今年イチオシGraphic19選
タイプバンク｜TB白のアリス Min2	▶p.43

Zingha Pro じんはーぷろ	Typography & DESIGN
a a a a 4ウエイト8書体｜Regular–Bold & Italics モリサワ｜Zingha Pro	*19 of your favorite books and lovely graphics.*
	▶p.44

太さ
極太・和文基本書体

極太書体と極細書体は、どちらも主に見出し用途を想定してデザインされています。大きく使うことで極太書体はパワフルな印象を、極細書体はシャープな印象を演出します。幅広いウエイト展開を持つ書体も多く、文字サイズや用途で細かく使い分けることができます。

リュウミン

あ あ あ あ あ あ あ あ
L-KL R-KL M-KL B-KL EB-KL H-KL EH-KL U-KL

モリサワ｜A P-OTF リュウミン Pr6N

デザインと文字の関係性を探る
あなたの愛読書と今年イチオシGraphic19選

▶p.135

黎ミンY40
れいみんわいよんじゅう

あ あ あ あ あ
B EB H EH U

モリサワ｜A P-OTF 黎ミンY40 Pr6N

デザインと文字の関係性を探る
あなたの愛読書と今年イチオシGraphic19選

ゴシックMB101
ごしっくえむびいいちまるいち

あ あ あ あ あ あ あ
L R M DB B H U

モリサワ｜A P-OTF ゴシックMB101 Pr6N

デザインと文字の関係性を探る
あなたの愛読書と今年イチオシGraphic19選

▶p.73, p.131

ヒラギノ角ゴ
ひらぎのかくご

あ あ あ あ あ あ あ あ あ あ
W0 W1 W2 W3 W4 W5 W6 W7 W8 W9

ヒラギノ｜ヒラギノ角ゴ StdN

デザインと文字の関係性を探る
あなたの愛読書と今年イチオシGraphic19選

▶p.132, p.168, p.181, p.196

新丸ゴ
しんまるご

あ あ あ あ あ あ あ
L R M DB B H U

モリサワ｜A P-OTF 新丸ゴ Pr6N

デザインと文字の関係性を探る
あなたの愛読書と今年イチオシGraphic19選

▶p.35, p.180

楷書MCBK1
かいしょえむしいびいけいわん

あ

モリサワ｜A P-OTF 楷書MCBK1 ProN

デザインと文字の関係性を探る
あなたの愛読書と今年イチオシGraphic19選

▶p.61, p.152

勘亭流
かんていりゅう

あ

モリサワ｜A P-OTF 勘亭流 StdN

デザインと文字の関係性を探る
あなたの愛読書と今年イチオシGraphic19選

▶p.68, p.156, p.175

ボルクロイド

あ

モリサワ｜A P-OTF ボルクロイド Min2

デザインと文字の関係性を探る
あなたの愛読書と今年イチオシGraphic19選

▶p.50, p.76, p.175

ハルクラフト

あ

モリサワ｜A P-OTF ハルクラフト StdN

デザインと文字の関係性を探る
あなたの愛読書と今年イチオシGraphic19選

▶p.76

G2サンセリフ
じーつーさんせりふ

あ あ
B U

タイプバンク｜RoG2サンセリフStdN

デザインと文字の関係性を探る
あなたの愛読書と今年イチオシGraphic19選

▶p.51, p.79, p.175

ハッピーN+
はっぴーえぬぷらす

あ あ あ あ あ あ あ
L R M DB B H U

モリサワ｜A P-OTF ハッピーN+ ProN

デザインと文字の関係性を探る
あなたの愛読書と今年イチオシGraphic19選

▶p.28

ぶらっしゅ

あ

タイプバンク｜Roぶらっしゅ Std

デザインと文字の関係性を探る
あなたの愛読書と今年イチオシGraphic19選

▶p.72

トンネル

あ あ
細線 太線

モリサワ｜A P-OTF トンネル Min

デザインと文字の関係性を探る
あなたの愛読書と今年イチオシGraphic19選

▶p.34, p.163

カモライム+
かもらいむぷらす

あ あ あ あ あ あ あ
L R M DB B H U

モリサワ｜A P-OTF カモライム+ ProN

デザインと文字の関係性を探る
あなたの愛読書と今年イチオシGraphic19選

アルデオ

あ

モリサワ｜A P-OTF アルデオ Min2

デザインと文字の関係性を探る
あなたの愛読書と今年イチオシGraphic19選

▶p.50

翠流ゆゆポップ
すいりゅうゆゆぽっぷ

あ

モリサワ｜A P-OTF 翠流ゆゆポップ StdN

デザインと文字の関係性を探る
あなたの愛読書と今年イチオシGraphic19選

▶p.29, p.151

つぶてん

あ

モリサワ｜A P-OTF つぶてん Min2

デザインと文字の関係性を探る
あなたの愛読書と今年イチオシGraphic19選

▶p.28

プフ ピクニック

あ

モリサワ｜A P-OTF プフ ピクニック Min2

デザインと文字の関係性を探る
あなたの愛読書と今年イチオシGraphic19選

▶p.21

ぽってり

あ あ あ あ
L R M B

モリサワ｜A P-OTF ぽってり Min2

デザインと文字の関係性を探る
あなたの愛読書と今年イチオシGraphic19選

▶p.21

黒曜
こくよう

あ

モリサワ｜A P-OTF 黒曜 StdN

デザインと文字の関係性を探る
あなたの愛読書と今年イチオシGraphic19選

▶p.77, p.157

Role Serif Display Pro
ろーるせりふでぃすぷれいぷろ

a a a a a a a
7ウエイト14書体 | ExtraLight–Heavy & Italics
モリサワ | Role Serif Display Pro

Typography & DESIGN
19 of your favorite books and lovely graphics.

▶p.147, p.183

Vonk Pro
ふぉんくぷろ

a a a a a
5ウエイト10書体 | Regular–Heavy & Italics
モリサワ | Vonk Pro

Typography & DESIGN
19 of your favorite books and lovely graphics.

▶p.80, p.112, p.172

Eminence Pro
えみねんすぷろ

a a a a a
5ウエイト10書体 | Thin–Black & Italics
モリサワ | Eminence Pro

Typography & DESIGN
19 of your favorite books and lovely graphics.

▶p.129, p.169, p.186

VibeMO Pro
ゔぁいぶえむおーぷろ

a a a a a
5ウエイト8書体 | Thin–Ultra & Italics
モリサワ | VibeMO Pro

Typography & DESIGN
19 of your favorite books and lovely graphics.

▶p.80

Tapir Pro
たぴあーぷろ

a a a a a a
6ウエイト12書体 | ExtraLight–Heavy & Italics
モリサワ | Tapir Pro

Typography & DESIGN
19 of your favorite books and lovely graphics.

▶p.30, p.80

Role Soft Banner Pro
ろーるそふとばなーぷろ

a a a a a a a a a
9ウエイト18書体 | Thin–Black & Italics
モリサワ | Role Soft Banner Pro

Typography & DESIGN
19 of your favorite books and lovely graphics.

▶p.36

Rubberblade
らばーぶれーど

a
1ウエイト2書体 | Ultra & Ultra Italic
モリサワ | MO Rubberblade

Type & DESIGN
19 of your favorite books

▶p.75

極細・和文書体

游明朝体
ゆうみんちょうたい

あ あ あ あ あ あ
L R M D B E

字游工房 | 游明朝体 Pr6N

デザインと文字の関係性を探る
あなたの愛読書と今年イチオシGraphic19選

▶p.141, p.181

明石
あかし

あ

モリサワ | A P-OTF 明石 StdN

デザインと文字の関係性を探る
あなたの愛読書と今年イチオシGraphic19選

▶p.94

徐明
じょみん

あ

モリサワ | A P-OTF 徐明 StdN

デザインと文字の関係性を探る
あなたの愛読書と今年イチオシGraphic19選

▶p.94, p.155

游ゴシック体
ゆうごしっくたい

あ あ あ あ あ あ あ
L R M D B E H

字游工房 | 游ゴシック体 Pr6N

デザインと文字の関係性を探る
あなたの愛読書と今年イチオシGraphic19選

▶p.139, p.181

ヒラギノ角ゴ
ひらぎのかくご

あ あ あ あ あ あ あ あ あ あ
W0 W1 W2 W3 W4 W5 W6 W7 W8 W9

ヒラギノ | ヒラギノ角ゴ StdN

デザインと文字の関係性を探る
あなたの愛読書と今年イチオシGraphic19選

▶p.132, p.164, p.181, p196

白妙
しろたえ

あ あ
L M

モリサワ | A P-OTF 白妙 StdN

デザインと文字の関係性を探る
あなたの愛読書と今年イチオシGraphic19選

▶p.87, p.151

白妙 オールド
しろたえおーるど

あ あ
L M

モリサワ | A P-OTF 白妙 オールド StdN

デザインと文字の関係性を探る
あなたの愛読書と今年イチオシGraphic19選

▶p.63, p.92, p.177

美風
みかぜ

あ

モリサワ | A P-OTF 美風 Min2

デザインと文字の関係性を探る
あなたの愛読書と今年イチオシGraphic19選

▶p.95, p.178

Role Slab Text Pro
ろーるすらぶてきすとぷろ

a a a a a a a a a

9ウエイト18書体 | Thin–Black & Italics
モリサワ | Role Slab Text Pro

Typography & DESIGN

19 of your favorite books and lovely graphics.

▶p.133

Role Sans Text Pro
ろーるさんずてきすとぷろ

a a a a a a a a a

9ウエイト18書体 | Thin–Black & Italics
モリサワ | Role Sans Text Pro

Typography & DESIGN

19 of your favorite books and lovely graphics.

▶p.147

Role Soft Text Pro
ろーるそふとてきすとぷろ

a a a a a a a a a

9ウエイト18書体 | Thin–Black & Italics
モリサワ | Role Soft Text Pro

Typography & DESIGN

19 of your favorite books and lovely graphics.

Eminence Pro
えみねんすぷろ

a a a a a

5ウエイト10書体 | Thin–Black & Italics
モリサワ | Eminence Pro

Typography & DESIGN

19 of your favorite books and lovely graphics.

▶p.129, p.167, p.186

Backflip Pro
ばっくふりっぷぷろ

a a a a a

5ウエイト10書体 | Thin–Heavy & Italics
モリサワ | Backflip Pro

Typography & DESIGN

19 of your favorite books and lovely graphics.

▶p.34

Abelha Pro
あべーりゃぷろ

a a a

3ウエイト3書体 | ExtraLight–DemiBold
モリサワ | Abelha Pro

Typography & DESIGN

19 of your favorite books and lovely graphics.

▶p.97, p.151, p.161

コントラスト
ハイコントラスト・明朝体/セリフ体

縦画と横画の太さの差が大きいものを「ハイコントラスト」、差が小さく線画の抑揚が低いものを「ローコントラスト」に分類しています。一般的に明朝体はハイコントラスト、ゴシック体はローコントラストなデザインが多いですが、ここではそれ以外のデザインを中心に取り上げています。

霞白藤
かすみしらふじ

あ あ あ あ
L R M B

モリサワ | A P-OTF 霞白藤 Min2

デザインと文字の関係性を探る

あなたの愛読書と今年イチオシGraphic19選

▶p.90, p.106, p.176

光朝
こうちょう

あ

モリサワ | A P-OTF 光朝 StdN

デザインと文字の関係性を探る

あなたの愛読書と今年イチオシGraphic19選

▶p.91

凸版文久見出し明朝
とっぱんぶんきゅうみだしみんちょう

あ

モリサワ | A P-OTF 凸版文久見出明 StdN

デザインと文字の関係性を探る

あなたの愛読書と今年イチオシGraphic19選

▶p.113

秀英初号明朝
しゅうえいしょごうみんちょう

あ

モリサワ | A P-OTF 秀英初号明朝 StdN

デザインと文字の関係性を探る

あなたの愛読書と今年イチオシGraphic19選

▶p.114

游築見出し明朝体
ゆうつきみだしみんちょうたい

あ

字游工房 | 游築見出し明朝体 OTF

デザインと文字の関係性を探る

あなたの愛読書と今年イチオシGraphic19選

▶p.113

Role Serif Banner Pro
ろーるせりふばなーぷろ

a a a a a a a

7ウエイト14書体 | ExtraLight–Heavy & Italics
モリサワ | Role Serif Banner Pro

Typography & DESIGN

19 of your favorite books and lovely graphics.

▶p.97

Pistilli Pro
ぴすてぃっりぷろ

a

1書体 | Black
モリサワ | Pistilli Pro

Typography & DESIGN

19 of your favorite books and lovely graphics.

▶p.114

黎ミンY20
れいみんわいにじゅう

あ あ あ あ あ あ あ
R M B EB H EH U

モリサワ | A P-OTF 黎ミンY20 Pr6N

デザインと文字の関係性を探る
あなたの愛読書と今年イチオシGraphic19選

凸版文久明朝
とっぱんぶんきゅうみんちょう

あ

モリサワ | A P-OTF 凸版文久明朝 Pr6N

デザインと文字の関係性を探る
あなたの愛読書と今年イチオシGraphic19選

▶p.136, p.182, p.185

秀英横太明朝
しゅうえいよこぶとみんちょう

あ あ
M B

モリサワ | A P-OTF 秀英横太明朝 StdN

デザインと文字の関係性を探る
あなたの愛読書と今年イチオシGraphic19選

▶p.133

欅明朝 Oldstyle
けやきみんちょうおーるどすたいる

あ あ
R B

モリサワ | A P-OTF 欅明朝 Oldstyle Min2

デザインと文字の関係性を探る
あなたの愛読書と今年イチオシGraphic19選

▶p.108, p.180

きざはし金陵
きざはしきんりょう

あ あ
M B

モリサワ | A P-OTF きざはし金陵 StdN

デザインと文字の関係性を探る
あなたの愛読書と今年イチオシGraphic19選

▶p.103, p.176

霞青藍
かすみせいらん

あ あ あ あ
L R M B

モリサワ | A P-OTF 霞青藍 Min2

デザインと文字の関係性を探る
あなたの愛読書と今年イチオシGraphic19選

▶p.107, p.176

解ミン月
かいみんつき

あ あ あ あ
R M B H

モリサワ | A P-OTF 解ミン月 StdN

デザインと文字の関係性を探る
あなたの愛読書と今年イチオシGraphic19選

▶p.63

みちくさ

あ

モリサワ | A P-OTF みちくさ StdN

デザインと文字の関係性を探る
あなたの愛読書と今年イチオシGraphic19選

▶p.64, p.88, p.155, p.161

ペン字・手書き
筆文字
にじみ
連綿・リガチャ・スワッシュ
装飾的
太さ
コントラスト
字面
長体（コンデンス）
スタイル展開
新聞・記事
オンスクリーン
教育用
UDフォント
多言語対応ファミリー

Role Serif Text Pro
ろーるせりふてきすとぷろ

a a a a a a a
7ウエイト14書体 | ExtraLight–Heavy & Italics
モリサワ | Role Serif Text Pro

Typography & DESIGN
19 of your favorite books and lovely graphics.

Areon Pro
あれおんぷろ

a a a a a a
6ウエイト12書体 | ExtraLight–ExtraBold & Italics
モリサワ | Areon Pro

Typography & DESIGN
19 of your favorite books and lovely graphics.

▶p.143, p.186

Vonk Pro
ふぉんくぷろ

a a a a a
5ウエイト10書体 | Regular–Heavy & Italics
モリサワ | Vonk Pro

Typography & DESIGN
19 of your favorite books and lovely graphics.

▶p.80, p.112, p.167

Lima PE
りーまぴーいー

a a a
3ウエイト6書体 | Regular–Bold & Italics
モリサワ | Lima PE

Typography & DESIGN
19 of your favorite books and lovely graphics.

▶p.23, p.84, p.186

RS Skolar PE
ろぜったすこらーぴーいー

a a a
3ウエイト3書体 | Regular–Bold
Rosetta | MP RSSkolar PE

Typography & DESIGN
19 of your favorite books and lovely graphics.

▶p.143, p.196

RS Arek Latin
ろぜったあれくらてん

a a a
3ウエイト3書体 | Regular–Bold
Rosetta | MP RSArek Latin

Typography & DESIGN
19 of your favorite books and lovely graphics.

RS Nassim Latin
ろぜったなしむらてん

a a a
3ウエイト3書体 | Regular–Bold
Rosetta | MP RSNassim Latin

Typography & DESIGN
19 of your favorite books and lovely graphics.

▶p.120

UDタイポス
ゆーでぃーたいぽす

あ あ あ あ
58 510 512 515

タイプバンク | UDタイポス515 Std

デザインと文字の関係性を探る
あなたの愛読書と今年イチオシGraphic19選

▶p.98, p.191

フォーク

あ あ あ あ
R M B H

モリサワ | A P-OTF フォーク ProN

デザインと文字の関係性を探る
あなたの愛読書と今年イチオシGraphic19選

▶p.51, p.98, p.183

丸フォーク
まるふぉーく

あ あ あ あ
R M B H

モリサワ | A P-OTF 丸フォーク ProN

デザインと文字の関係性を探る
あなたの愛読書と今年イチオシGraphic19選

▶p.26, p.100, p.183

ラピスエッジ

あ あ あ
L M B

モリサワ | A P-OTF ラピスエッジ Min2

デザインと文字の関係性を探る
あなたの愛読書と今年イチオシGraphic19選

▶p.49, p.178

ラピスメルト

あ あ あ
L M B

モリサワ | A P-OTF ラピスメルト Min2

デザインと文字の関係性を探る
あなたの愛読書と今年イチオシGraphic19選

▶p.46, p.178

Cetra Display Pro
ちぇとらでぃすぷれいぷろ

a a a
3ウエイト6書体 | Regular–Bold & Italics
モリサワ | Cetra Display Pro

Typography & DESIGN
19 of your favorite books and lovely graphics.

▶p.93

Role Sans Banner Pro
ろーるさんずばなーぷろ

a a a a a a a
8ウエイト16書体 | Thin–Heavy & Italics
モリサワ | Role Sans Banner Pro

Typography & DESIGN
19 of your favorite books and lovely graphics.

▶p.101

字面
大きい・基本書体

書体において、仮想ボディの中の文字の形をした部分を「字面」と呼びます。その大きさは書体によって異なり、字面が大きいものはインパクトのある表現、小さいと上品さや可愛らしさを演出します。ここでは基本書体とデザイン書体で、字面の大小別に分類しています。

黎ミン
れいみん

あ あ あ あ あ あ あ あ
L R M B EB H EH U

モリサワ｜A P-OTF 黎ミン Pr6N

デザインと文字の関係性を探る

あなたの愛読書と今年イチオシGraphic19選

▶p.144, p.185

毎日新聞明朝
まいにちしんぶんみんちょう

あ

モリサワ｜A P-OTF 毎日新聞明朝 ProN

デザインと文字の関係性を探る

あなたの愛読書と今年イチオシGraphic19選

※見本は平体80%

▶p.117, p.184

秀英四号太かな+
しゅうえいよんごうふとかなぷらす

あ

モリサワ｜A P-OTF 秀英四号太かな+ StdN

デザインと文字の関係性を探る

あなたの愛読書と今年イチオシGraphic19選

新ゴ
しんご

あ あ あ あ あ あ あ あ
EL L R M DB B H U

モリサワ｜A P-OTF 新ゴ Pr6N

デザインと文字の関係性を探る

あなたの愛読書と今年イチオシGraphic19選

▶p.123, p.180

毎日新聞ゴシック
まいにちしんぶんごしっく

あ

モリサワ｜A P-OTF 毎日新聞ゴシック ProN

デザインと文字の関係性を探る

あなたの愛読書と今年イチオシGraphic19選

※見本は平体80%

▶p.118, p.184

ソフトゴシック

あ あ あ あ あ あ あ
L R M DB B H U

モリサワ｜A P-OTF ソフトゴシック StdN

デザインと文字の関係性を探る

あなたの愛読書と今年イチオシGraphic19選

▶p.35

隷書E1
れいしょいーわん

あ

モリサワ｜A P-OTF 隷書E1 StdN

デザインと文字の関係性を探る

あなたの愛読書と今年イチオシGraphic19選

▶p.110, p.154

翠流ネオロマン すいりゅうねおろまん あ モリサワ｜A P-OTF 翠流ネオロマン StdN	デザインと文字の関係性を探る あなたの愛読書と今年イチオシGraphic19選 ▶p.42, p.100
翠流アトラス すいりゅうあとらす あ あ あ R M B モリサワ｜A P-OTF 翠流アトラス StdN	デザインと文字の関係性を探る あなたの愛読書と今年イチオシGraphic19選 ▶p.49
ボルクロイド あ モリサワ｜A P-OTF ボルクロイド Min2	デザインと文字の関係性を探る あなたの愛読書と今年イチオシGraphic19選 ▶p.50, p.76, p.165
G2サンセリフ じーつーさんせりふ あ あ B U タイプバンク｜RoG2サンセリフStdN	デザインと文字の関係性を探る あなたの愛読書と今年イチオシGraphic19選 ▶p.51, p.79, p.165
勘亭流 かんていりゅう あ モリサワ｜A P-OTF 勘亭流 StdN	デザインと文字の関係性を探る あなたの愛読書と今年イチオシGraphic19選 ▶p.68, p.156, p.164
プリティー桃 ぷりてぃーもも あ モリサワ｜A P-OTF プリティー桃 StdN	デザインと文字の関係性を探る あなたの愛読書と今年イチオシGraphic19選 ▶p.31, p.158
くろまめ あ モリサワ｜A P-OTF くろまめ StdN	デザインと文字の関係性を探る あなたの愛読書と今年イチオシGraphic19選 ▶p.55, p.150
シネマレター あ モリサワ｜A P-OTF シネマレター StdN	デザインと文字の関係性を探る あなたの愛読書と今年イチオシGraphic19選 ▶p.55, p.150

きざはし金陵
きざはしきんりょう

あ あ
M B

モリサワ｜A P-OTF きざはし金陵 StdN

デザインと文字の関係性を探る
あなたの愛読書と今年イチオシGraphic19選

▶p.103, p.171

霞青藍
かすみせいらん

あ あ あ あ
L R M B

モリサワ｜A P-OTF 霞青藍 Min2

デザインと文字の関係性を探る
あなたの愛読書と今年イチオシGraphic19選

▶p.107, p.171

霞白藤
かすみしらふじ

あ あ あ あ
L R M B

モリサワ｜A P-OTF 霞白藤 Min2

デザインと文字の関係性を探る
あなたの愛読書と今年イチオシGraphic19選

▶p.90, p.106, p.170

A1ゴシック
えいわんごしっく

あ あ あ あ
L R M B

モリサワ｜A P-OTF A1ゴシック StdN

デザインと文字の関係性を探る
あなたの愛読書と今年イチオシGraphic19選

▶p.85, p.159, p.180

中ゴシックBBB
ちゅうごしっくびいびいびい

あ

モリサワ｜A P-OTF 中ゴシックBBB Pr6N

デザインと文字の関係性を探る
あなたの愛読書と今年イチオシGraphic19選

▶p.140

あおとゴシック

あ あ あ あ あ あ あ
EL L R M DB B EB

モリサワ｜A P-OTF あおとゴシック StdN

デザインと文字の関係性を探る
あなたの愛読書と今年イチオシGraphic19選

▶p.100, p.145, p.185

こぶりなゴシック

あ あ あ あ
W1 W3 W6 W9

ヒラギノ｜こぶりなゴシック StdN

デザインと文字の関係性を探る
あなたの愛読書と今年イチオシGraphic19選

▶p.126, p.142

ちさき

あ

モリサワ｜A P-OTF ちさき Min2

デザインと文字の関係性を探る

あなたの愛読書と今年イチオシGraphic19選

▶p.23, p.38

すずむし

あ

モリサワ｜A P-OTF すずむし StdN

デザインと文字の関係性を探る

あなたの愛読書と今年イチオシGraphic19選

▶p.18, p.158

プフ ポッケ

あ

モリサワ｜A P-OTF プフ ポッケ Min2

デザインと文字の関係性を探る

あなたの愛読書と今年イチオシGraphic19選

▶p.22

プフ マーチ

あ

モリサワ｜A P-OTF プフ マーチ Min2

デザインと文字の関係性を探る

あなたの愛読書と今年イチオシGraphic19選

▶p.19

プフ サワー

あ

モリサワ｜A P-OTF プフ サワー Min2

デザインと文字の関係性を探る

あなたの愛読書と今年イチオシGraphic19選

▶p.23

プフ ソワレ

あ

モリサワ｜A P-OTF プフ ソワレ Min2

デザインと文字の関係性を探る

あなたの愛読書と今年イチオシGraphic19選

▶p.19

はるひ学園
はるひがくえん

あ

モリサワ｜A P-OTF はるひ学園 StdN

デザインと文字の関係性を探る

あなたの愛読書と今年イチオシGraphic19選

▶p.20

白妙 オールド
しろたえおーるど

あ あ
L M

モリサワ｜A P-OTF 白妙 オールド StdN

デザインと文字の関係性を探る

あなたの愛読書と今年イチオシGraphic19選

▶p.63, p.92, p.168

長体（コンデンス）
和文書体

基準となる書体に比べて横幅が狭く設計されているコンデンス書体は、表示スペースが限られるシーンやスクリーン上などで活躍します。長体利用に最適化されたデザインになっているため、視認性・可読性を損なうことなく情報を表示することが可能です。

UD新ゴ コンデンス80（AP版）

あ あ あ あ あ あ あ あ
EL L R M DB B H U

モリサワ | A P-OTF UD新ゴコンデ80 Pr6N

デザインと文字の関係性を探る

あなたの愛読書と今年イチオシGraphic19選

▶p.100, p.128, p.190, p.194

UD新ゴ コンデンス60（AP版）

あ あ あ あ あ あ あ あ
EL L R M DB B H U

モリサワ | A P-OTF UD新ゴコンデ60 Pr6N

デザインと文字の関係性を探る

あなたの愛読書と今年イチオシGraphic19選

TBゴシックC8
てぃーびーごしっくしーはち

あ あ あ あ あ
SL L R DB B

タイプバンク | TBゴシックR Std C8

デザインと文字の関係性を探る

あなたの愛読書と今年イチオシGraphic19選

※見本は長体80%

ラピスエッジ

あ あ あ
L M B

モリサワ | A P-OTF ラピスエッジ Min2

デザインと文字の関係性を探る

あなたの愛読書と今年イチオシGraphic19選

▶p.49, p.173

ラピスメルト

あ あ あ
L M B

モリサワ | A P-OTF ラピスメルト Min2

デザインと文字の関係性を探る

あなたの愛読書と今年イチオシGraphic19選

▶p.46, p.173

エコー

あ あ あ
L R B

タイプバンク | TBエコー Std

デザインと文字の関係性を探る

あなたの愛読書と今年イチオシGraphic19選

※見本はプロポーショナルメトリクスON

▶p.48, p.95

オーブ

あ

タイプバンク | TBオーブ Std

デザインと文字の関係性を探る

あなたの愛読書と今年イチオシGraphic19選

※見本はプロポーショナルメトリクスON

▶p.46, p.92

美風
みかぜ

あ

モリサワ | A P-OTF 美風 Min2

デザインと文字の関係性を探る

あなたの愛読書と今年イチオシGraphic19選

▶p.95, p.168

Clarimo UD PE Condensed
くらりもゆーでぃーぴーいーこんでんすと

a a a a a a a a
8ウエイト16書体 | ExtraLight–Ultra & Italics
モリサワ | Clarimo UD PE Condensed

Typography & DESIGN

19 of your favorite books and lovely graphics.

▶p.195

Prelude Condensed Pro
ぷれりゅーどこんでんすとぷろ

a a a a
4ウエイト8書体 | Light–Black & Italics
モリサワ | Prelude Condensed Pro

Typography & DESIGN

19 of your favorite books and lovely graphics.

VibeMO Condensed Pro
ゔぁいぶえむおーこんでんすとぷろ

a a a a a
5ウエイト8書体 | Thin–Ultra & Italics
モリサワ | VibeMO Condensed Pro

Typography & DESIGN

19 of your favorite books and lovely graphics.

CaslonMO Condensed Pro
きゃすろんえむおーこんですとぷろ

a a a a
4ウエイト8書体 | Light–Heavy & Italics
モリサワ | CaslonMO Cn Pro

Typography & DESIGN

19 of your favorite books and lovely graphics.

Letras Oldstyle Condensed Pro

a a a
3ウエイト6書体 | Regular–Bold & Italics
モリサワ | Letras Oldstyle Cn Pro

Typography & DESIGN

19 of your favorite books and lovely graphics.

BodoniMO Condensed Pro
ぼどにーえむおーこんですとぷろ

a a
2ウエイト2書体 | Regular & Bold
モリサワ | BodoniMO Condensed Pro

Typography & DESIGN

19 of your favorite books and lovely graphics.

LatinMO Condensed Pro
らてんえむおーこんでんすとぷろ

a a a
3ウエイト6書体 | Light–Bold & Italics
モリサワ | LatinMO Condensed Pro

Typography & DESIGN

19 of your favorite books and lovely graphics.

スタイル展開

同じデザインコンセプトで設計された明朝体とゴシック体、または丸ゴシック体など、スタイル展開のある書体です。異なるスタイル同士が調和するように設計されており、見出しと本文で異なるスタイルを使い分ける際などにも、統一感のあるデザインを実現することができます。

A1明朝（AP版）
えいわんみんちょうえーぴーばん

あ あ あ
R M B

モリサワ | A P-OTF A1明朝 StdN

デザインと文字の関係性を探る
あなたの愛読書と今年イチオシGraphic19選

▶p.90, p.159

A1ゴシック
えいわんごしっく

あ あ あ あ
L R M B

モリサワ | A P-OTF A1ゴシック StdN

デザインと文字の関係性を探る
あなたの愛読書と今年イチオシGraphic19選

▶p.85, p.159, p.176

欅明朝 Oldstyle
けやきみんちょうおーるどすたいる

あ あ
R B

モリサワ | A P-OTF 欅明朝 Oldstyle Min2

デザインと文字の関係性を探る
あなたの愛読書と今年イチオシGraphic19選

▶p.108, p.171

欅角ゴシック Oldstyle
けやきかくごしっくおーるどすたいる

あ あ
M B

モリサワ | A P-OTF 欅角ゴ Oldstyle Min2

デザインと文字の関係性を探る
あなたの愛読書と今年イチオシGraphic19選

▶p.111

アンチックAN+
あんちっくえいえぬぷらす

あ あ あ あ あ あ あ
L R M DB B H U

モリサワ | A P-OTF アンチックAN+ ProN

デザインと文字の関係性を探る
あなたの愛読書と今年イチオシGraphic19選

▶p.71

丸アンチック+
まるあんちっくぷらす

あ あ あ あ あ あ あ
L R M DB B H U

モリサワ | A P-OTF 丸アンチック+ ProN

デザインと文字の関係性を探る
あなたの愛読書と今年イチオシGraphic19選

新ゴ
しんご

あ あ あ あ あ あ あ あ
EL L R M DB B H U

モリサワ | A P-OTF 新ゴ Pr6N

デザインと文字の関係性を探る
あなたの愛読書と今年イチオシGraphic19選

▶p.123, p.174

新丸ゴ
しんまるご

あ あ あ あ あ あ あ
L R M DB B H U

モリサワ | A P-OTF 新丸ゴ Pr6N

デザインと文字の関係性を探る
あなたの愛読書と今年イチオシGraphic19選

▶p.35, p.164

ナウ（明朝） なうみんちょう あ MM あ MB あ ME あ MU タイプバンク｜RoナウStd MM	**デザインと文字の関係性を探る** あなたの愛読書と今年イチオシGraphic19選 ▶p.78
ナウ（ゴシック） あ GM あ GB あ GE あ GU タイプバンク｜RoナウStd GM	**デザインと文字の関係性を探る** あなたの愛読書と今年イチオシGraphic19選 ▶p.127
游明朝体 ゆうみんちょうたい あ L あ R あ M あ D あ B あ E 字游工房｜游明朝体 Pr6N	**デザインと文字の関係性を探る** あなたの愛読書と今年イチオシGraphic19選 ▶p.141, p.168
游ゴシック体 ゆうごしっくたい あ L あ R あ M あ D あ B あ E あ H 字游工房｜游ゴシック体 Pr6N	**デザインと文字の関係性を探る** あなたの愛読書と今年イチオシGraphic19選 ▶p.139, p.168
ヒラギノ明朝 ひらぎのみんちょう あ W2 あ W3 あ W4 あ W5 あ W6 あ W7 あ W8 ヒラギノ｜ヒラギノ明朝 StdN	**デザインと文字の関係性を探る** あなたの愛読書と今年イチオシGraphic19選 ▶p.144
ヒラギノ角ゴ ひらぎのかくご あ W0 あ W1 あ W2 あ W3 あ W4 あ W5 あ W6 あ W7 あ W8 あ W9 ヒラギノ｜ヒラギノ角ゴ StdN	**デザインと文字の関係性を探る** あなたの愛読書と今年イチオシGraphic19選 ▶p.132, p.164, p.168, p.196
ヒラギノ丸ゴ ひらぎのまるご あ W2 あ W3 あ W4 あ W5 あ W6 あ W7 あ W8 ヒラギノ｜ヒラギノ丸ゴ StdN	**デザインと文字の関係性を探る** あなたの愛読書と今年イチオシGraphic19選 ▶p.36

ペン字・手書き
筆文字
にじみ
連綿・リガチャ・スワッシュ
装飾的
太さ
コントラスト
字面
長体（コンデンス）
スタイル展開
新聞・記事
オンスクリーン
教育用
UDフォント
多言語対応ファミリー

エムニュースエム

あ

モリサワ｜U-OTF エムニュースエム Upr

デザインと文字の関係性を探る

あなたの愛読書と今年イチオシGraphic19選

※見本は平体80%

▶p.184

エムニュースジー

あ

モリサワ｜U-OTF エムニュースジー Upr

デザインと文字の関係性を探る

あなたの愛読書と今年イチオシGraphic19選

※見本は平体80%

▶p.184

秀英明朝
しゅうえいみんちょう

あ あ あ
L M B

モリサワ｜A P-OTF 秀英明朝 Pr6N

デザインと文字の関係性を探る

あなたの愛読書と今年イチオシGraphic19選

▶p.139

秀英角ゴシック銀
しゅうえいかくごしっくぎん

あ あ あ
L M B

モリサワ｜A P-OTF 秀英角ゴシック銀 StdN

デザインと文字の関係性を探る

あなたの愛読書と今年イチオシGraphic19選

秀英丸ゴシック
しゅうえいまるごしっく

あ あ
L B

モリサワ｜A P-OTF 秀英丸ゴシック StdN

デザインと文字の関係性を探る

あなたの愛読書と今年イチオシGraphic19選

▶p.82

凸版文久明朝
とっぱんぶんきゅうみんちょう

あ

モリサワ｜A P-OTF 凸版文久明朝 Pr6N

デザインと文字の関係性を探る

あなたの愛読書と今年イチオシGraphic19選

▶p.136, p.171, p.185

凸版文久ゴシック
とっぱんぶんきゅうごしっく

あ あ
R DB

モリサワ｜A P-OTF 凸版文久ゴ Pr6N

デザインと文字の関係性を探る

あなたの愛読書と今年イチオシGraphic19選

▶p.145, p.185

フォーク
あ あ あ あ
R M B H
モリサワ | A P-OTF フォーク ProN

デザインと文字の関係性を探る
あなたの愛読書と今年イチオシGraphic19選
▶p.51, p.98, p.173

丸フォーク
まるふぉーく
あ あ あ あ
R M B H
モリサワ | A P-OTF 丸フォーク ProN

デザインと文字の関係性を探る
あなたの愛読書と今年イチオシGraphic19選
▶p.26, p.100, p.173

Role Serif Display Pro
ろーるせりふでぃすぷれいぷろ
a a a a a a a
7ウエイト14書体 | ExtraLight–Heavy & Italics
モリサワ | Role Serif Display Pro

Typography & DESIGN
19 of your favorite books and lovely graphics.
▶p.147, p.167

Role Slab Display Pro
ろーるすらぶでぃすぷれいぷろ
a a a a a a a a a
9ウエイト18書体 | Thin–Black & Italics
モリサワ | Role Slab Display Pro

Typography & DESIGN
19 of your favorite books and lovely graphics.

Role Sans Display Pro
ろーるさんずでぃすぷれいぷろ
a a a a a a a a
8ウエイト16書体 | Thin–Heavy & Italics
モリサワ | Role Sans Display Pro

Typography & DESIGN
19 of your favorite books and lovely graphics.

Role Soft Display Pro
ろーるそふとでぃすぷれいぷろ
a a a a a a a a a
9ウエイト18書体 | Thin–Black & Italics
モリサワ | Role Soft Display Pro

Typography & DESIGN
19 of your favorite books and lovely graphics.

新聞・記事

新聞の本文用書体には、小サイズで読みやすさを保つための工夫が施されています。特に和文の場合は新聞の本文組みで情報を多く伝えるために、扁平にする前提で、新聞印刷の条件下での使用に適するように設計されています。こうした特徴を活かして新聞以外に用いられることもあります。

エムニュースエム

あ

モリサワ | U-OTF エムニュースエム Upr

デザインと文字の関係性を探る

あなたの愛読書と今年イチオシGraphic19選

※見本は平体80%

▶p.182

エムニュースジー

あ

モリサワ | U-OTF エムニュースジー Upr

デザインと文字の関係性を探る

あなたの愛読書と今年イチオシGraphic19選

※見本は平体80%

▶p.182

毎日新聞明朝
まいにちしんぶんみんちょう

あ

モリサワ | A P-OTF 毎日新聞明朝 ProN

デザインと文字の関係性を探る

あなたの愛読書と今年イチオシGraphic19選

※見本は平体80%

▶p.117, p.174

毎日新聞ゴシック
まいにちしんぶんごしっく

あ

モリサワ | A P-OTF 毎日新聞ゴシック ProN

デザインと文字の関係性を探る

あなたの愛読書と今年イチオシGraphic19選

※見本は平体80%

▶p.118, p.174

Star Times Text Pro
すたーたいむずてきすとぷろ

a a

2ウエイト4書体 | Regular–Bold & Italics
モリサワ | Star Times Text Pro

Typography & DESIGN

19 of your favorite books and lovely graphics.

Star Times Display Pro
すたーたいむずでぃすぷれいぷろ

a a

2ウエイト4書体 | Regular–Bold & Italics
モリサワ | Star Times Display Pro

Typography & DESIGN

19 of your favorite books and lovely graphics.

▶p.122

オンスクリーン
和文書体

オンスクリーンで文字がどう表示されるかは受け手のデバイスや環境に依存します。オンスクリーン書体には読みやすさを保つシンプルで太細の差が少ない字形、横組みを意識したかな、行長を抑えるための長体デザインと様々なアプローチがあり、目的に合った書体を選ぶことができます。

黎ミン
れいみん

あ あ あ あ あ あ あ あ
L R M B EB H EH U

モリサワ | A P-OTF 黎ミン Pr6N

デザインと文字の関係性を探る
あなたの愛読書と今年イチオシGraphic19選

▶p.144, p.174

凸版文久明朝
とっぱんぶんきゅうみんちょう

あ

モリサワ | A P-OTF 凸版文久明朝 Pr6N

デザインと文字の関係性を探る
あなたの愛読書と今年イチオシGraphic19選

▶p.136, p.171, p.182

あおとゴシック

あ あ あ あ あ あ あ
EL L R M DB B EB

モリサワ | A P-OTF あおとゴシック StdN

デザインと文字の関係性を探る
あなたの愛読書と今年イチオシGraphic19選

▶p.100, p.145, p.176

凸版文久ゴシック
とっぱんぶんきゅうごしっく

あ あ
R DB

モリサワ | A P-OTF 凸版文久ゴ Pr6N

デザインと文字の関係性を探る
あなたの愛読書と今年イチオシGraphic19選

▶p.145, p.182

UD新ゴ コンデンス70（AP版）

あ あ あ あ あ あ あ あ
EL L R M DB B H U

モリサワ | A P-OTF UD新ゴコンデ70 Pr6N

デザインと文字の関係性を探る
あなたの愛読書と今年イチオシGraphic19選

タイプラボN+
たいぷらぼえぬぷらす

あ あ あ あ あ あ あ
L R M DB B H U

モリサワ | A P-OTF タイプラボN+ ProN

デザインと文字の関係性を探る
あなたの愛読書と今年イチオシGraphic19選

▶p.51, p.99

UDデジタル教科書体
ゆーでぃーでじたるきょうかしょたい

あ あ あ あ
R M B H

タイプバンク | UDデジタル教科書体 ProN

デザインと文字の関係性を探る
あなたの愛読書と今年イチオシGraphic19選

▶p.83, p.126, p.187, p.191

Lutes UD PE
りゅーつゆーでぃーぴーいー

a a a a a a

6ウエイト12書体 | Light–Heavy & Italics
モリサワ | Lutes UD PE

Typography & DESIGN
19 of your favorite books and lovely graphics.

▶p.120, p.193

Areon Pro
あれおんぷろ

a a a a a a

6ウエイト12書体 | ExtraLight–ExtraBold & Italics
モリサワ | Areon Pro

Typography & DESIGN
19 of your favorite books and lovely graphics.

▶p.143, p.172

Lima PE
りーまぴーいー

a a a

3ウエイト6書体 | Regular–Bold & Italics
モリサワ | Lima PE

Typography & DESIGN
19 of your favorite books and lovely graphics.

▶p.23, p.84, p.172

Sharoa Pro
しゃろあぷろ

a a a a a a a a a a

10ウエイト20書体 | UltraLight–Ultra & Italics
モリサワ | Sharoa Pro

Typography & DESIGN
19 of your favorite books and lovely graphics.

▶p.146

Prelude Pro
ぷれりゅーどぷろ

a a a a

4ウエイト8書体 | Light–Black & Italics
モリサワ | Prelude Pro

Typography & DESIGN
19 of your favorite books and lovely graphics.

▶p.129

Concert Pro
こんさーとぷろ

a a a a

4ウエイト8書体 | Light–Black & Italics
モリサワ | Concert Pro

Typography & DESIGN
19 of your favorite books and lovely graphics.

▶p.84

Eminence Pro
えみねんすぷろ

a a a a a

5ウエイト10書体 | Thin–Black & Italics
モリサワ | Eminence Pro

Typography & DESIGN
19 of your favorite books and lovely graphics.

▶p.129, p.167, p.169

教育用
教科書体

文部科学省の「学習指導要領」にある「代表的な字形」に沿ってデザインされた書体です。手書きに近く、画数や運筆を誤解しづらい字形を採用しています。教科書に限らず、参考書や絵本、玩具など読み書きを学習中の子ども向けのシーンに適しています。

教科書ICA
きょうかしょあいしいえい

あ あ あ
L R M

モリサワ | A P-OTF 教科書ICA ProN

デザインと文字の関係性を探る

あなたの愛読書と今年イチオシGraphic19選

▶p.119, p.156

UDデジタル教科書体
ゆーでぃーでじたるきょうかしょたい

あ あ あ あ
R M B H

タイプバンク | UDデジタル教科書体 ProN

デザインと文字の関係性を探る

あなたの愛読書と今年イチオシGraphic19選

▶p.83, p.126, p.185, p.191

UD DigiKyo Latin
ゆーでぃでじたるきょうらてん

a a a a

4ウエイト4書体 | Regular–Heavy
タイプバンク | UDDigiKyoLatin

Typography & DESIGN

19 of your favorite books and lovely graphics.

UD DigiKyo Writing
ゆーでぃでじたるきょうらいてぃんぐ

a

1書体 | R
タイプバンク | UDDigiKyoWriting

Typography & DESIGN

19 of your favorite books and lovely graphics.

UDデジタル教科書体 学習記号

x x

2ウエイト2書体 | Regular & Medium
タイプバンク | UDDigiKyoKigo

xyzzcaldLmgkggH2ℓkV

xyzzcaldLmgkggH2ℓkV 1234567890

游教科書体 New
ゆうきょうかしょたいにゅー

あ あ あ あ
M 横用M B 横用B

字游工房 | 游教科書体 New

デザインと文字の関係性を探る

あなたの愛読書と今年イチオシGraphic19選

▶p.119, p.156

JKHandwriting
じぇーけーはんどらいてぃんぐ

a a a a a a a

5ウエイト8書体 | Light–Heavy & Italic
字游工房 | JKHandwriting

Typography & DESIGN

19 of your favorite books and lovely graphics.

学参 常改リュウミン
がくさんじょうかいりゅうみん

あ あ あ あ
L-KL R-KL M-KL B-KL

モリサワ | G-OTF 常改リュウミン ProN

デザインと文字の関係性を探る
あなたの愛読書と今年イチオシGraphic19選

学参 常改新ゴ
がくさんじょうかいしんご

あ あ あ あ あ
L R M DB B

モリサワ | G-OTF 常改新ゴ ProN

デザインと文字の関係性を探る
あなたの愛読書と今年イチオシGraphic19選

学参 常改中ゴシックBBB
がくさんじょうかいちゅうごしっくびーびーびー

あ

モリサワ | G-OTF 常改中ゴシックBBB ProN

デザインと文字の関係性を探る
あなたの愛読書と今年イチオシGraphic19選

学参 常改太ゴB101
がくさんじょうかいふとごびーいちまるいち

あ

モリサワ | G-OTF 常改太ゴB101 ProN

デザインと文字の関係性を探る
あなたの愛読書と今年イチオシGraphic19選

学参 常改じゅん
がくさんじょうかいじゅん

あ あ
34 501

モリサワ | G-OTF 常改じゅん ProN

デザインと文字の関係性を探る
あなたの愛読書と今年イチオシGraphic19選

学参 常改新丸ゴ
がくさんじょうかいしんまるご

あ あ あ あ あ
L R M DB B

モリサワ | G-OTF 常改新丸ゴ ProN

デザインと文字の関係性を探る
あなたの愛読書と今年イチオシGraphic19選

学参 常改教科書ICA
がくさんじょうかいきょうかしょあいしーえー

あ あ あ
L R M

モリサワ | G-OTF 常改教科書ICA ProN

デザインと文字の関係性を探る
あなたの愛読書と今年イチオシGraphic19選

筆順ICA
ひつじゅんあいしいえい

安 安
R M

モリサワ｜G-OTF 筆順ICA Std

あ ー ｜ の 安 ` フ ノ ヽ ー ー

あ ー ｜ の 安 ` フ ノ ヽ ー ー

筆順2ICA
ひつじゅんにあいしいえい

安 安
R M

モリサワ｜G-OTF 筆順2ICA Std

あ ー ナ あ 安 お っ か か ー ＝

あ ー ナ あ 安 ' '' 宀 它 安 安

UDデジタル教科書体 筆順フォント TypeA

あ あ あ 安 安 安
F12 E34 E56 J1 J2 J3

タイプバンク｜UD筆順A StdN

あ ー ｜ の 安 ' ' ー く ノ ー

あ ー ｜ の 安 ' ' ー く ノ ー

UDデジタル教科書体 筆順フォント TypeB

あ あ あ 安 安 安
E12 E34 E56 J1 J2 J3

タイプバンク｜UD筆順B StdN

あ ー ナ あ 安 お っ か か ー ＝

あ ー ナ あ 安 ' '' 宀 它 安 安

UDフォント

UD黎ミン
ゆーでぃーれいみん

あ あ あ あ あ あ
L R M B EB H

モリサワ｜A P-OTF UD黎ミン Pr6N

デザインと文字の関係性を探る
あなたの愛読書と今年イチオシGraphic19選

▶p.116, p.193

TBUD明朝
てぃーびーゆーでぃーみんちょう

あ あ
M H

タイプバンク｜TBUD明朝 Std

デザインと文字の関係性を探る
あなたの愛読書と今年イチオシGraphic19選

▶p.123

ヒラギノUD明朝
ひらぎのゆーでぃーみんちょう

あ あ
W4 W6

ヒラギノ｜ヒラギノUD明朝 StdN

デザインと文字の関係性を探る
あなたの愛読書と今年イチオシGraphic19選

▶p.141

UD新ゴ（AP版）
ゆーでぃーしんごえーぴーばん

あ あ あ あ あ あ あ あ
EL L R M DB B H U

モリサワ｜A P-OTF UD新ゴ Pr6N

デザインと文字の関係性を探る
あなたの愛読書と今年イチオシGraphic19選

▶p.127, p.194

UD新ゴNT（AP版）
ゆーでぃーしんごえぬてぃーえーぴーばん

あ あ あ あ あ あ あ あ
EL L R M DB B H U

モリサワ｜A P-OTF UD新ゴNT Pr6N

デザインと文字の関係性を探る
あなたの愛読書と今年イチオシGraphic19選

▶p.124, p.194

UD新ゴ コンデンス80（AP版）

あ あ あ あ あ あ あ あ
EL L R M DB B H U

モリサワ｜A P-OTF UD新ゴコンデ80 Pr6N

デザインと文字の関係性を探る
あなたの愛読書と今年イチオシGraphic19選

▶p.100, p.128, p.178, p.194

TBUDゴシック
てぃーびーゆーでぃーごしっく

あ あ あ あ あ
SL R B E H

タイプバンク｜TBUDゴシック Std

デザインと文字の関係性を探る
あなたの愛読書と今年イチオシGraphic19選

▶p.128

ヒラギノUD角ゴ
ひらぎのゆーでぃーかくご

あ あ あ あ
W3 W4 W5 W6

ヒラギノ｜ヒラギノUD角ゴ StdN

デザインと文字の関係性を探る
あなたの愛読書と今年イチオシGraphic19選

▶p.146

ヒラギノUD角ゴF
ひらぎのゆーでぃーかくごえふ

あ あ あ あ
W3 W4 W5 W6

ヒラギノ｜ヒラギノUD角ゴF StdN

デザインと文字の関係性を探る
あなたの愛読書と今年イチオシGraphic19選

UD新丸ゴ
ゆーでぃーしんまるご

あ あ あ あ あ あ
L R M DB B H

モリサワ｜A P-OTF UD新丸ゴ Pr6N

デザインと文字の関係性を探る
あなたの愛読書と今年イチオシGraphic19選

▶p.124

TBUD丸ゴシック
てぃーびーゆーでぃーまるごしっく

あ あ あ あ
SL R B H

タイプバンク｜TBUD丸ゴシック Std

デザインと文字の関係性を探る
あなたの愛読書と今年イチオシGraphic19選

▶p.125

ヒラギノUD丸ゴ
ひらぎのゆーでぃーまるご

あ あ あ あ
W3 W4 W5 W6

ヒラギノ｜ヒラギノUD丸ゴ StdN

デザインと文字の関係性を探る
あなたの愛読書と今年イチオシGraphic19選

▶p.125

UDタイポス
ゆーでぃーたいぽす

あ あ あ あ
58 510 512 515

タイプバンク｜UDタイポス515 Std

デザインと文字の関係性を探る
あなたの愛読書と今年イチオシGraphic19選

▶p.98, p.173

UDデジタル教科書体
ゆーでぃーでじたるきょうかしょたい

あ あ あ あ
R M B H

タイプバンク｜UDデジタル教科書体 ProN

デザインと文字の関係性を探る
あなたの愛読書と今年イチオシGraphic19選

▶p.83, p.126, p.185, p.187

Tips

UDフォントとは

ユニバーサルデザイン（UD）に配慮したUDフォントは「文字のかたちがわかりやすいこと」「文章が読みやすいこと」「読み間違えにくいこと」という3つのコンセプトから生まれたフォントです。
日英中韓など多言語やコンデンスにも対応しており、さまざまなシーンで活用いただけます。

空間を広くとるとつぶれにくく、見やすくなります。

濁点・半濁点を大きくして、区別をつけやすくしています。

はなれが明確になると、シルエットの似た文字を判別しやすくなります。

新ゴ
UD新ゴ

新丸ゴ ブ
UD新丸ゴ ブ

新ゴ S36
UD新ゴ S36

幅広い活用の場

教育現場にも広がるUDフォント

教育の中で必要不可欠な「教科書体」をユニバーサルデザインに対応させた「UDデジタル教科書体」を開発しました。教育現場での採用も始まり、文字を通じたインクルーシブ教育が進んでいます。

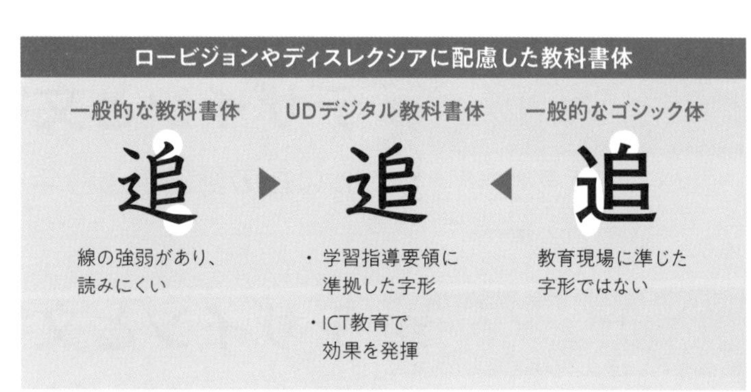

日常の文書作成にも

一般的な書類にもUDフォントを活用いただけます。誤読を防ぐことで情報伝達ミスの軽減につながり、業務効率化を図ることができます。

読みやすさに関するエビデンス

モリサワは大学や医療機関などの第三者機関とともに、UDフォントの読みやすさに関するエビデンス（科学的根拠）を取得しています。

- デジタルデバイスにおける可視性・可読性に関する比較研究実験
- 教科書体の見やすさに関する比較実験
- ディスレクシア（読み書き障害）のある小学生を対象にした読みやすさの検討
- 多言語フォントの可読性に関する比較研究

各研究のレポートはWebサイトよりご覧いただけます。 https://www.morisawa.co.jp/fonts/udfont/study/

UD黎ミン
ゆーでぃーれいみん

あ あ あ あ あ あ
L R M B EB H

モリサワ | A P-OTF UD黎ミン Pr6N

デザインと文字の関係性を探る
あなたの愛読書と今年イチオシGraphic19選

▶p.116, p.190

UD黎ミン 簡体字
ゆーでぃーれいみんかんたいじ

读 读 读 读 读 读
L R M B EB H

モリサワ | UD黎ミン 簡体字 Gb4

我是隻貓。还没有名字。
我是隻貓。还没有名字。是在哪儿出生的也不清楚。

UD黎ミン 繁体字
ゆーでぃーれいみんはんたいじ

讀 讀 讀 讀 讀 讀
L R M B EB H

モリサワ | UD黎ミン 繁体字 B5HK

我是隻貓。還沒有名字。
我是隻貓。還沒有名字。是在哪兒出生的也不清楚。

UD黎ミン ハングル
ゆーでぃーれいみんはんぐる

독 독 독 독 독 독
L R M B EB H

モリサワ | UD黎ミン ハングル

나는 고양이로소이다.
나는 고양이로소이다.이름은 아직 없다.

Lutes UD PE
りゅーつゆーでぃーぴーいー

a a a a a a
6ウエイト12書体 | Light–Heavy & Italics
モリサワ | Lutes UD PE

Typography & DESIGN
19 of your favorite books and lovely graphics.

▶p.120, p.186

Lutes UD Arabic
りゅーつゆーでぃーあらびっく

ش ش ش ش ش ش
6ウエイト6書体 | Light–Heavy
モリサワ | Lutes UD Arabic

استمتع بزيارة إلى اليابان!
استمتع بزيارة إلى اليابان!

Lutes UD Devanagari
りゅーつゆーでぃーでゔぁなーがりー

ह ह ह ह ह ह
6ウエイト6書体 | Light–Heavy
モリサワ | Lutes UD Devanagari

जापान की यात्रा का आनंद उठाएं!
जापान की यात्रा का आनंद उठाएं!

Lutes UD Thai
りゅーつゆーでぃーたい

ญ ญ ญ ญ ญ ญ
6ウエイト12書体 | Light–Heavy & Italics
モリサワ | Lutes UD Thai

เพลิดเพลินกับการมาเที่ยวญี่ปุ่น!
เพลิดเพลินกับการมาเที่ยวญี่ปุ่น!

UD新ゴ（AP版）
ゆーでぃーしんごえーぴーばん

あ あ あ あ あ あ あ あ
EL L R M DB B H U

モリサワ｜A P-OTF UD新ゴ Pr6N

デザインと文字の関係性を探る

あなたの愛読書と今年イチオシGraphic19選

▶p.127, p.190

UD新ゴNT（AP版）
ゆーでぃーしんごえぬてぃーえーぴーばん

あ あ あ あ あ あ あ あ
EL L R M DB B H U

モリサワ｜A P-OTF UD新ゴNT Pr6N

デザインと文字の関係性を探る

あなたの愛読書と今年イチオシGraphic19選

▶p.124, p.190

UD新ゴ コンデンス80（AP版）

あ あ あ あ あ あ あ あ
EL L R M DB B H U

モリサワ｜A P-OTF UD新ゴコンデ80 Pr6N

デザインと文字の関係性を探る

あなたの愛読書と今年イチオシGraphic19選

▶p.100, p.128, p.178, p.190

UD新ゴ 簡体字
ゆーでぃーしんごかんたいじ

读 读 读 读
R M DB B

モリサワ｜MO UD新ゴ 簡体字 Gb4

我是隻貓。还没有名字。

我是隻貓。还没有名字。是在哪儿出生的也不清楚。

UD新ゴ 繁体字 標準字体
ゆーでぃーしんごはんたいじひょうじゅんじたい

讀 讀 讀 讀
R M DB B

モリサワ｜UD新ゴ 標準繁体字

我是隻貓。還沒有名字。

我是隻貓。還沒有名字。是在哪兒出生的也不清楚。

UD新ゴ ハングル
ゆーでぃーしんごはんぐる

독 독 독 독 독 독 독 독
EL L R M DB B H U

モリサワ｜MO UD新ゴ ハングル Ko2

나는 고양이로소이다.

나는 고양이로소이다. 이름은 아직 없다.

Clarimo UD PE
くらりもゆーでぃーぴーいー

a a a a a a a a
8ウエイト16書体 | ExtraLight–Ultra & Italics
モリサワ | Clarimo UD PE

Typography & DESIGN

19 of your favorite books and lovely graphics.

▶p.126

Clarimo UD PE Condensed
くらりもゆーでぃーぴーいーこんでんすと

a a a a a a a a
8ウエイト16書体 | ExtraLight–Ultra & Italics
モリサワ | Clarimo UD PE Condensed

Typography & DESIGN

19 of your favorite books and lovely graphics.

▶p.179

Clarimo UD Arabic
くらりもゆーでぃーあらびっく

ش ش ش ش
4ウエイト4書体 | Regular–Bold
モリサワ | Clarimo UD Arabic

استمتع بزيارة إلى اليابان!

استمتع بزيارة إلى اليابان!

Clarimo UD Devanagari
くらりもゆーでぃーでーゔぁなーがりー

ह ह ह ह
4ウエイト4書体 | Regular–Bold
モリサワ | Clarimo UD Devanagari

जापान की यात्रा का आनंद उठाएं!

जापान की यात्रा का आनंद उठाएं!

Clarimo UD Thai
くらりもゆーでぃーたい

ญ ญ ญ ญ ญ
5ウエイト10書体 | Light–Bold & Italics
モリサワ | Clarimo UD Thai

เพลิดเพลินกับการมาเที่ยวญี่ปุ่น!

เพลิดเพลินกับการมาเที่ยวญี่ปุ่น!

Clarimo UD ThaiModern
くらりもゆーでぃーたいもだん

ญ ญ ญ ญ ญ
5ウエイト10書体 | Light–Bold & Italics
モリサワ | Clarimo UD ThaiModern

เพลิดเพลินกับการมาเที่ยวญี่ปุ่น!

เพลิดเพลินกับการมาเที่ยวญี่ปุ่น!

ヒラギノ角ゴ
ひらぎのかくご

あ あ あ あ あ あ あ あ あ あ
W0 W1 W2 W3 W4 W5 W6 W7 W8 W9

ヒラギノ | ヒラギノ角ゴ StdN

デザインと文字の関係性を探る

あなたの愛読書と今年イチオシGraphic19選

▶p.132, p.164, p.168, p.181

ヒラギノ角ゴ 簡体中文
ひらぎのかくごかんたいちゅうぶん

读 读 读 读 读 读 读
W0 W1 W2 W3 W4 W5 W6

ヒラギノ | ヒラギノ角ゴ 簡体中文 Std

我是隻貓。还没有名字。

我是隻貓。还没有名字。是在哪儿出生的也

ヒラギノ角ゴ 繁体中文
ひらぎのかくごはんたいちゅうぶん

讀 讀
W3 W6

ヒラギノ | ヒラギノ角ゴ 繁体中文

我是隻貓。還沒有名字。

我是隻貓。還沒有名字。是在哪兒出生的也

RS Skolar PE
ろぜったすこらーぴーいー

a a a

3ウエイト3書体 | Regular–Bold
Rosetta | MP RSSkolar PE

Typography & DESIGN

19 of your favorite books and lovely graphics.

▶p.143, p.172

RS Skolar Devanagari
ろぜったすこらーでーゔぁなーがりー

अे अे अे

3ウエイト3書体 | Regular–Bold
Rosetta | MP RSSkolar Devanagari

जापान की यात्रा का आनंद उठाएं!

जापान की यात्रा का आनंद उठाएं!

RS Skolar Gujarati
ろぜったすこらーぐじゃらーてぃー

અ અ અ

3ウエイト3書体 | Regular–Bold
Rosetta | MP RSSkolar Gujarati

વિશ્વનું લેખન અને ભાષાઓ

વિશ્વનું લેખન અને ભાષાઓ

Tips

Morisawa Fonts 提供書体がカバーする言語領域

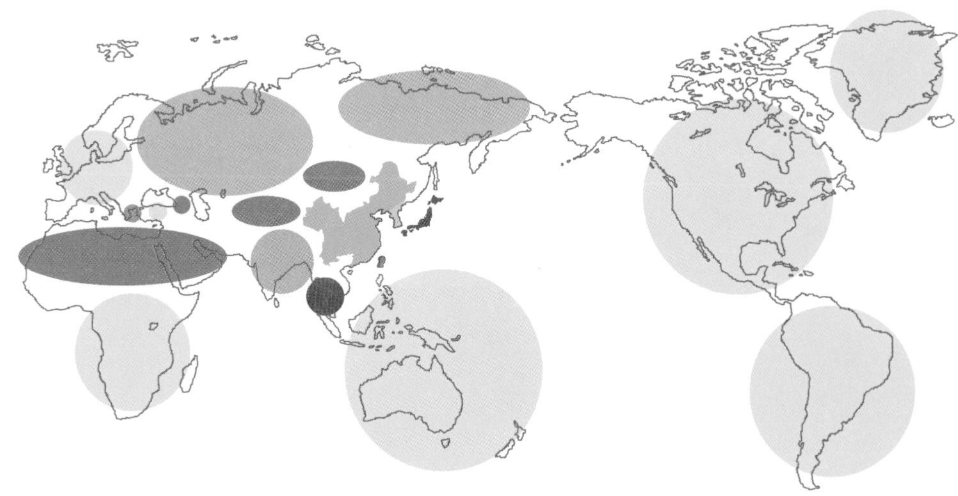

● 日本語　● 簡体字　● 繁体字　● ハングル　● ラテン文字　● キリル文字　● ギリシア文字
● アルメニア文字　● アラビア文字　● デーヴァナーガリー／グジャラーティ文字　● タイ文字

▶ モリサワ欧文書体の文字セットについて

欧文書体の文字セット「Pro」と「PE」について

モリサワでは、対応言語の広い欧文書体専用の文字セットを定め、高い利便性を追求しています。
Pro はラテンアルファベットを用いる 100 言語に対応します。それらには、ベトナム語とグアラニ語といった特殊なアルファベットを用いる言語も含まれます。
PE は、Pro がカバーする言語に加え、ギリシャ文字やキリル文字を含む 151 言語に対応します。

Pro ●　PE ●

アイスランド語、アイルランド語、アストゥリアス語、アゼルバイジャン語、アフリカーンス語、アルーマニア語、アルザス語、アルバニア語、イタリア語、イナリ・サーミ語、イバナグ語、イバン語、イロカノ語、インドネシア語／マレー語、ウェールズ語、ヴェプス語、ウォロフ語、ウズベク語（ラテン）、英語、エストニア語、エスペラント語、オック語、オランダ語、ガガウズ語、カシューブ語、カタロニア語、カパンパンガン語、ガリシア語、カレリア語、北サーミ語、キリバス語、グアラニ語、グリーンランド語、クリミア・タタール語（ラテン）、クルド語、クロアチア語、ゲール語、コーンウォール語、コルシカ語、サモア語、サルデーニャ語、スウェーデン語、ズールー語、スペイン語、スロバキア語、スロベニア語、スワヒリ語、セブアノ語、セルビア語（ラテン）、ソルブ語、タウスグ語、チェコ語、チェワ語／ニャンジャ語、チャモロ語、ツワナ語、テトゥン語、デンマーク語、ドイツ語、トク・ピシン語、トルコ語、トンガ語、南部ソト語、ノルウェー語、バスク語、ハワイ語、パンガシナン語、ハンガリー語、ピエモンテ語、ヒリガイノン語、フィジー語、フィリピノ／タガログ語、フィンランド語、フェロー語、フランス語、フリウリ語、フリジア語、ブルトン語、ベトナム語、ポーランド語、ボスニア語、ポルトガル語、マオリ語、マルタ語、南サーミ語、ミャオ語、モルドバ語（ラテン）、モンテネグロ語（ラテン）、ヤップ語、ヨルバ語、ラディン語、ラテン語、ラトビア語、リトアニア語、ルーマニア語、ルクセンブルク語、ルバ語、ルレ・サーミ語、ロトカス語、ロマンシュ語、ワロン語

アヴァル語、アグール語、アディゲ語、アバザ語、イングーシ語、ウイグル語、ウクライナ語、ウズベク語（キリル）、エルジャ語、オセット語、カザフ語、カバルド語、カラカルパク語、バルカル語、カラチャイ語、カルムイク語、ギリシャ語、キルギス語、クムク語、クリミア・タタール語（キリル）、コミ・ペルミャク語、コミ語、セルビア語（キリル）、タート語、タジク語、タタール語、タバサラン語、ダルギン語、チェチェン語、チュヴァシュ語、トゥバ語、トルクメン語、ドンガン語、ナナイ語、ノガイ語、バシキール語、ハルハ語（モンゴル）、ヒナルク語、フバルシ語、ブリヤート語、ブルガリア語、ベラルーシ語、マケドニア語、モクシャ語、モルドバ語（キリル）、モンテネグロ語（キリル）、ラク語、ルシン語、ルトゥル語、レズギ語、ロシア語

※ Pro を採用する書体の中には、上記 100 言語のうちベトナム語とグアラニ語を除く 98 言語にのみ対応したものもあります。
対象の書体については https://www.morisawa.co.jp/support/faq/4236 をご確認ください。

全書体見本

Morisawa Fontsでご利用いただける全書体を
書体分類・ブランドごとに掲載しています。
これまで使ったことがなかった書体とも
新たな出会いがあるかもしれません。

書体分類

明朝体
ゴシック体
丸ゴシック体
デザイン書体
装飾書体
筆書体
新聞書体
UD書体
その他和文
Serif
Sans Serif
Rounded
Script
Display
Universal Design
その他欧文
その他の多言語・記号・数字書体

※ 本書では、親となる漢字と合わせて総合書体化されたかな書体の掲載を省いています。
総合書体化されたものが「+書体」（書体名に「~+」とつくもの）に該当します。
※ 色がグレーになっている文字は、当該書体には搭載されていない文字です。

明朝体 モリサワフォント

リュウミン ▶p.135, p.164
L-KL/R-KL/M-KL/B-KL/EB-KL/H-KL/EH-KL/U-KL
永あ
永国我語東今流遠
あうすなのアダポ
ABGQaefg&24?
永永永永永永永永

リュウミン 小がな+
L/R/M/B/EB/H/EH/U
永あ
永国我語東今流遠
あうすなのアダポ
ABGQaefg&24?
永永永永永永永永

リュウミン オールドがな+ ▶p.137
L/R/M/B/EB/H/EH/U
永あ
永国我語東今流遠
あうすなのアダポ
ABGQaefg&24?
永永永永永永永永

秀英3号+ ▶p.104
L/R/M/B/EB/H/EH/U
永あ
永国我語東今流遠
あうすなのアダポ
ABGQaefg&24?
永永永永永永永永

秀英5号+ ▶p.104
L/R/M/B/EB/H/EH/U
永あ
永国我語東今流遠
あうすなのアダポ
ABGQaefg&24?
永永永永永永永永

アンチックAN+ ▶p.71, p.180
L/R/M/DB/B/H/U
永あ
永国我語東今流遠
あうすなのアダポ
ABGQaefg&24
永永永永永永永

アンチックAN1+
永あ
永国我語東今流遠
あうすなのアダポ
ABGQaefg&24?
永

アンチックAN2+
永あ
永国我語東今流遠
あうすなのアダポ
ABGQaefg&24?
永

明朝体

アンチックAN3+
永あ
永国我語東今流遠
あうすなのアダポ
ABGQaefg&24?
永

アンチックAN4+
永あ
永国我語東今流遠
あうすなのアダポ
ABGQaefg&24?
永

黎ミン ▶p.144, p.174, p.185
L/R/M/B/EB/H/EH/U
永あ
永国我語東今流遠
あうすなのアダポ
ABGQaefg&24?
永永永永永永永永

黎ミンY10
L/R/M/B/EB/H/EH/U
永あ
永国我語東今流遠
あうすなのアダポ
ABGQaefg&24?
永永永永永永永永

黎ミンY20 ▶p.171
R/M/B/EB/H/EH/U
永あ
永国我語東今流遠
あうすなのアダポ
ABGQaefg&24?
永永永永永永永

黎ミンY30 ▶p.132
M/B/EB/H/EH/U
永あ
永国我語東今流遠
あうすなのアダポ
ABGQaefg&24?
永永永永永永

黎ミンY40 ▶p.164
B/EB/H/EH/U
永あ
永国我語東今流遠
あうすなのアダポ
ABGQaefg&24?
永永永永永

太ミンA101 ▶p.121
永あ
永国我語東今流遠
あうすなのアダポ
ABGQaefg&24?
永

明朝体

見出ミンMA1
永あ
永国我語東今流遠
あうすなのアダポ
ABGQaefg&24?
永

見出ミンMA31 ▶p.116
永あ
永国我語東今流遠
あうすなのアダポ
ABGQaefg&24?
永

秀英明朝 ▶p.139, p.182
L/M/B
永あ
永国我語東今流遠
あうすなのアダポ
ABGQaefg&24?
永永永

秀英にじみ明朝 ▶p.159
永あ
永国我語東今流遠
あうすなのアダポ
ABGQaefg&24?
永

秀英四号かな+
永あ
永国我語東今流遠
あうすなのアダポ
ABGQaefg&24?
永

秀英にじみ四号かな ▶p.54, p.103, p.159
永あ
永国我語東今流遠
あうすなのアダポ
ABGQaefg&24?
永

秀英初号明朝 ▶p.114, p.170
永あ
永国我語東今流遠
あうすなのアダポ
ABGQaefg&24?
永

秀英初号明朝 撰
永あ
永国我語東今流遠
あうすなのアダポ
ABGQaefg&24?
永

明朝体

秀英四号太かな+ ▶ p.174

永あ 永国我語東今流遠 あうすなのアダポ ABGQaefg&24? 永

秀英にじみ四号太かな ▶ p.72, p.159

永あ 永国我語東今流遠 あうすなのアダポ ABGQaefg&24? 永

秀英横太明朝 ▶ p.133, p.171
M/B

永あ 永国我語東今流遠 あうすなのアダポ ABGQaefg&24? 永永

秀英アンチック+

永あ 永国我語東今流遠 あうすなのアダポ ABGQaefg&24? 永

秀英にじみアンチック ▶ p.56, p.159

永あ 永国我語東今流遠 あうすなのアダポ ABGQaefg&24? 永

凸版文久明朝 ▶ p.136, p.171, p.182, p.185

永あ 永国我語東今流遠 あうすなのアダポ ABGQaefg&24? 永

凸版文久見出し明朝 ▶ p.113, p.170

永あ 永国我語東今流遠 あうすなのアダポ ABGQaefg&24? 永

瓦明朝 ▶ p.117
M/B/H

永あ 永国我語東今流遠 あうすなのアダポ ABGQaefg&24 永永永

明朝体

光朝 ▶ p.91, p.170

永あ 永国我語東今流遠 あうすなのアダポ ABGQaefg&24? 永

A1明朝（AP版） ▶ p.90, p.159, p.180
R/M/B

永あ 永国我語東今流遠 あうすなのアダポ ABGQaefg&24? 永永永

A1明朝

永あ 永国我語東今流遠 あうすなのアダポ ABGQaefg&24? 永

欅明朝 Oldstyle ▶ p.108, p.171, p.180
R/B

永あ 永国我語東今流遠 あうすなのアダポ ABGQaefg&24? 永永

霞青藍 ▶ p.107, p.171, p.176
L/R/M/B

永あ 永国我語東今流遠 あうすなのアダポ ABGQaefg&24? 永永永永

霞白藤 ▶ p.90, p.106, p.170, p.176
L/R/M/B

永あ 永国我語東今流遠 あうすなのアダポ ABGQaefg&24? 永永永永

きざはし金陵 ▶ p.103, p.171, p.176
M/B

永あ 永国我語東今流遠 あうすなのアダポ ABGQaefg&24? 永永

しまなみ ▶ p.96

永あ 永国我語東今流遠 あうすなのアダポ ABGQaefg&24? 永

明朝体 タイプバンクフォント

本明朝（標準がな） ▶ p.121
L/M/B/E/U

永あ 永国我語東今流遠 あうすなのアダポ ABGQaefg&24? 永永永永永

本明朝 小がな
L/M

永あ 永国我語東今流遠 あうすなのアダポ ABGQaefg&24? 永永

本明朝 新がな
L/M/B/E/U

永あ 永国我語東今流遠 あうすなのアダポ ABGQaefg&24? 永永永永永

本明朝 新小がな ▶ p.137
L/M

永あ 永国我語東今流遠 あうすなのアダポ ABGQaefg&24? 永永

本明朝-Book（標準がな） ▶ p.135

永あ 永国我語東今流遠 あうすなのアダポ ABGQaefg&24? 永

本明朝-Book 小がな

永あ 永国我語東今流遠 あうすなのアダポ ABGQaefg&24? 永

本明朝-Book 新がな

永あ 永国我語東今流遠 あうすなのアダポ ABGQaefg&24? 永

本明朝-Book 新小がな

永あ 永国我語東今流遠 あうすなのアダポ ABGQaefg&24? 永

明朝体 タイプバンクフォント

築地（本明朝用）
L/M/B/E
永 あ
永国我語東今流遠
あうすなのアダポ
ABGQaefg&24?
ああああ

小町（本明朝用）
L/M/B/E
永 あ
永国我語東今流遠
あうすなのアダポ
ABGQaefg&24?
ああああ

良寛（本明朝用） ▶ p.69
L/M/B/E
永 あ
永国我語東今流遠
あうすなのアダポ
ABGQaefg&24?
ああああ

行成（本明朝用）
L/M/B/E
永 あ
永国我語東今流遠
あうすなのアダポ
ABGQaefg&24?
ああああ

弘道軒（本明朝用）
L/M/B/E
永 あ
永国我語東今流遠
あうすなのアダポ
ABGQaefg&24?
ああああ

ナウ（明朝） ▶ p.78, p.181
MM/MB/ME/MU
永 あ
永国我語東今流遠
あうすなのアダポ
ABGQaefg&24?
永永永永

築地（ナウ明朝用）
MM/MB/ME/MU
永 あ
永国我語東今流遠
あうすなのアダポ
ABGQaefg&24?
ああああ

小町（ナウ明朝用）
MM/MB/ME/MU
永 あ
永国我語東今流遠
あうすなのアダポ
ABGQaefg&24?
ああああ

明朝体

良寛（ナウ明朝用）
MM/MB/ME/MU
永 あ
永国我語東今流遠
あうすなのアダポ
ABGQaefg&24?
ああああ

行成（ナウ明朝用）
MM/MB/ME/MU
永 あ
永国我語東今流遠
あうすなのアダポ
ABGQaefg&24?
ああああ

弘道軒（ナウ明朝用）
MM/MB/ME/MU
永 あ
永国我語東今流遠
あうすなのアダポ
ABGQaefg&24?
ああああ

明朝体 字游工房フォント

游明朝体 ▶ p.141, p.168, p.181
L/R/M/D/B/E
永 あ
永国我語東今流遠
あうすなのアダポ
ABGQaefg&24?
永永永永永永

游明朝体五号かな ▶ p.138
L/R/M/D
永 あ
永国我語東今流遠
あうすなのアダポ
ABGQaefg&24?
ああああ

游明朝体36ポかな ▶ p.105
L/R/M/D/B/E
永 あ
永国我語東今流遠
あうすなのアダポ
ABGQaefg&24?
ああああああ

游築見出し明朝体 ▶ p.113, p.170
永 あ
永国我語東今流遠
あうすなのアダポ
永

游築見出し明朝体Alt
冬
雪寒朝花月墨炭起
歩青海珊音響飴鯛
龍勇新強彦望派空
冬

明朝体

游築初号かな
永 あ
永国我語東今流遠
あうすなのアダポ
あ

文游明朝体 ▶ p.138
永 あ
永国我語東今流遠
あうすなのアダポ
ABGQaefg&24?
永

文游明朝体 文麗かな
永 あ
永国我語東今流遠
あうすなのアダポ
ABGQaefg&24?
永

文游明朝体 蒼穹かな
永 あ
永国我語東今流遠
あうすなのアダポ
ABGQaefg&24?
永

文游明朝体 勇壮かな ▶ p.107
永 あ
永国我語東今流遠
あうすなのアダポ
ABGQaefg&24?
永

文游明朝体 古雅かな
永 あ
永国我語東今流遠
あうすなのアダポ
ABGQaefg&24?
永

文游明朝体S 垂水かな
永 あ
永国我語東今流遠
あうすなのアダポ
ABGQaefg&24?
永

文游明朝体S 朝靄かな
永 あ
永国我語東今流遠
あうすなのアダポ
ABGQaefg&24?
永

明朝体 字游工房フォント

文游明朝体S 水面かな

永 あ
永国我語東今流遠
あうすなのアダポ
ABGQaefg&24?
永

明朝体 ヒラギノフォント

ヒラギノ明朝

▶ p.144, p.181

W2/W3/W4/W5/W6/W7/W8

永 あ
永国我語東今流遠
あうすなのアダポ
ABGQaefg&24?
永永永永永永永

游築五号仮名

W2/W3/W4/W5/W6/W7/W8

永 あ
永国我語東今流遠
あうすなのアダポ
ABGQaefg&24?
あああああああ

游築36ポ仮名

W2/W3/W4/W5/W6/W7/W8

永 あ
永国我語東今流遠
あうすなのアダポ
ABGQaefg&24?
あああああああ

ヒラギノ明朝体横組用仮名

W3/W4/W5/W6

永 あ
永国我語東今流遠
あうすなのアダポ
ABGQaefg&24?
ああああ

築地体初号仮名

永 あ
永国我語東今流遠
あうすなのアダポ
あ

築地体三十五ポイント仮名

永 あ
永国我語東今流遠
あうすなのアダポ
あ

築地体一号太仮名

永 あ
永国我語東今流遠
あうすなのアダポ
あ

明朝体

築地体三号細仮名

▶ p.110

永 あ
永国我語東今流遠
あうすなのアダポ
あ

築地体三号太仮名

永 あ
永国我語東今流遠
あうすなのアダポ
あ

江川活版三号行書仮名

▶ p.109, p.153

永 あ
永国我語東今流遠
あうすなのアダポ
あ

築地体前期五号仮名

▶ p.105

永 あ
永国我語東今流遠
あうすなのアダポ
あ

築地体後期五号仮名

永 あ
永国我語東今流遠
あうすなのアダポ
あ

築地活文舎五号仮名

永 あ
永国我語東今流遠
あうすなのアダポ
あ

ゴシック体 モリサワフォント

新ゴ

▶ p.123, p.174, p.180

EL/L/R/M/DB/B/H/U

永 あ
永国我語東今流遠
あうすなのアダポ
ABGQaefg&24
永永永永永永永永

ネオツデイ 大がな+

EL/L/R/M/DB/B/H/U

永 あ
永国我語東今流遠
あうすなのアダポ
ABGQaefg&24?
永永永永永永永永

ネオツデイ 小がな+

EL/L/R/M/DB/B/H/U

永 あ
永国我語東今流遠
あうすなのアダポ
ABGQaefg&24?
永永永永永永永永

ハッピーN+

▶ p.28, p.165

L/R/M/DB/B/H/U

永 あ
永国我語東今流遠
あうすなのアダポ
ABGQaefg&24
永永永永永永永

わんぱくゴシックN+

L/R/M/DB/B/H/U

永 あ
永国我語東今流遠
あうすなのアダポ
ABGQaefg&24
永永永永永永永

タイプラボN+

▶ p.51, p.99, p.185

L/R/M/DB/B/H/U

永 あ
永国我語東今流遠
あうすなのアダポ
ABGQaefg&2
永永永永永永永

はせトッポ+

▶ p.30

L/R/M/DB/B/H/U

永 あ
永国我語東今流遠
あうすなのアダポ
ABGQaefg&2
永永永永永永永

ゴシックMB101

▶ p.73, p.131, p.164

L/R/M/DB/B/H/U

永 あ
永国我語東今流遠
あうすなのアダポ
ABGQaefg&24
永永永永永永永

モリサワフォント ゴシック体

ゴシックMB101 小がな+
L/R/M
永あ 永国我語東今流遠 あうすなのアダポ ABGQaefg&24
永永永

墨東N+ ▶ p.41
L/R/M/DB/B/H/U
永あ 永国我語東今流遠 あうすなのアダポ ABGQaefg&24
永永永永永永永

ゼンゴN+ ▶ p.75
L/R/M/DB/B/H/U
永あ 永国我語東今流遠 あうすなのアダポ ABGQaefg&24
永永永永永永永

あおとゴシック ▶ p.100, p.145, p.176 p.185
EL/L/R/M/DB/B/EB
永あ 永国我語東今流遠 あうすなのアダポ ABGQaefg&24?
永永永永永永永

A1ゴシック ▶ p.85, p.159, p.176, p.180
L/R/M/B
永あ 永国我語東今流遠 あうすなのアダポ ABGQaefg&24?
永永永永

中ゴシックBBB ▶ p.140, p.176
永あ 永国我語東今流遠 あうすなのアダポ ABGQaefg&24?
永

太ゴB101 ▶ p.130
永あ 永国我語東今流遠 あうすなのアダポ ABGQaefg&24?
永

見出ゴMB1
永あ 永国我語東今流遠 あうすなのアダポ ABGQaefg&24?
永

ゴシック体

見出ゴMB31 ▶ p.130
永あ 永国我語東今流遠 あうすなのアダポ ABGQaefg&24?
永

秀英角ゴシック金 ▶ p.83, p.142
L/M/B
永あ 永国我語東今流遠 あうすなのアダポ ABGQaefg&24?
永永永

秀英角ゴシック銀 ▶ p.182
L/M/B
永あ 永国我語東今流遠 あうすなのアダポ ABGQaefg&24?
永永永

秀英にじみ角ゴシック金 ▶ p.159
永あ 永国我語東今流遠 あうすなのアダポ ABGQaefg&24?
永

秀英にじみ角ゴシック銀 ▶ p.111, p.160
永あ 永国我語東今流遠 あうすなのアダポ ABGQaefg&24?
永

凸版文久ゴシック ▶ p.145, p.182, p.185
R/DB
永あ 永国我語東今流遠 あうすなのアダポ ABGQaefg&24?
永永

凸版文久見出しゴシック ▶ p.131
永あ 永国我語東今流遠 あうすなのアダポ ABGQaefg&24?
永

欅角ゴシック Oldstyle ▶ p.111, p.180
M/B
永あ 永国我語東今流遠 あうすなのアダポ ABGQaefg&24?
永永

ゴシック体

くれたけ銘石 ▶ p.38, p.106, p.159
永あ 永国我語東今流遠 あうすなのアダポ ABGQaefg&24?
永

タイプバンクフォント ゴシック体

ナウ（ゴシック） ▶ p.127, p.181
GM/GB/GE/GU
永あ 永国我語東今流遠 あうすなのアダポ ABGQaefg&24?
永永永永

築地（ナウゴシック用）
GM/GB/GE/GU
永あ 永国我語東今流遠 あうすなのアダポ ABGQaefg&24?
ああああ

小町（ナウゴシック用）
GM/GB/GE/GU
永あ 永国我語東今流遠 あうすなのアダポ ABGQaefg&24?
ああああ

良寛（ナウゴシック用）
GM/GB/GE/GU
永あ 永国我語東今流遠 あうすなのアダポ ABGQaefg&24?
ああああ

行成（ナウゴシック用）
GM/GB/GE/GU
永あ 永国我語東今流遠 あうすなのアダポ ABGQaefg&24?
ああああ

弘道軒（ナウゴシック用） ▶ p.79
GM/GB/GE/GU
永あ 永国我語東今流遠 あうすなのアダポ ABGQaefg&24?
ああああ

TBゴシックSL
Normal/C8/C6 ※見本は長体90%
永あ 永国我語東今流遠 あうすなのアダポ ABGQaefg&24?
永永永

タイプバンクフォント ゴシック体

TBゴシックL
Normal/C8/C6 ※見本は長体90%
永あ 永国我語東今流遠 あうすなのアダポ ABGQaefg&24?
永 永 永

TBゴシックR
Normal/C8/C6 ※見本は長体90%
永あ 永国我語東今流遠 あうすなのアダポ ABGQaefg&24?
永 永 永

TBゴシックDB
Normal/C8/C6 ※見本は長体90%
永あ 永国我語東今流遠 あうすなのアダポ ABGQaefg&24?
永 永 永

TBゴシックB
Normal/C8/C6 ※見本は長体90%
永あ 永国我語東今流遠 あうすなのアダポ ABGQaefg&24?
永 永 永

字游工房フォント ゴシック体

游ゴシック体 ▶ p.139, p.168, p.181
L/R/M/D/B/E/H
永あ 永国我語東今流遠 あうすなのアダポ ABGQaefg&24?
永永永永永永永

游ゴシック体初号かな ▶ p.40, p.112
L/R/M/D/B/E/H
永あ 永国我語東今流遠 あうすなのアダポ ABGQaefg&24?
あああああああ

ヒラギノフォント ゴシック体

ヒラギノ角ゴ ▶ p.132, p.164, p.168, p.181 p.196
W0/W1/W2/W3/W4/W5/W6/W7/W8/W9
永あ 永国我語東今流遠 あうすなのアダポ ABGQaefg&24?
永永永永永永永永永永

ヒラギノ角ゴAD仮名
W1/W2/W3/W4/W5/W6/W7/W8/W9
永あ 永国我語東今流遠 あうすなのアダポ ABGQaefg&24?
あああああああああ

ゴシック体

ヒラギノ角ゴパッケージ用仮名
W2/W3/W4/W5/W6
永あ 永国我語東今流遠 あうすなのアダポ ABGQaefg&24?
あああああ

こぶりなゴシック ▶ p.126, p.142, p.176
W1/W3/W6/W9
永あ 永国我語東今流遠 あうすなのアダポ ABGQaefg&24?
永永永永

ヒラギノ角ゴ オールド ▶ p.78, p.112
W6/W7/W8/W9
永あ 永国我語東今流遠 あうすなのアダポ ABGQaefg&24
永永永永

モリサワフォント 丸ゴシック体

じゅん ▶ p.82
101/201/34/501
永あ 永国我語東今流遠 あうすなのアダポ ABGQaefg&24?
永永永永

新丸ゴ ▶ p.35, p.164, p.180
L/R/M/DB/B/H/U
永あ 永国我語東今流遠 あうすなのアダポ ABGQaefg&24?
永永永永永永永

丸ツデイ+
L/R/M/DB/B/H/U
永あ 永国我語東今流遠 あうすなのアダポ ABGQaefg&24?
永永永永永永永

丸アンチック+ ▶ p.180
L/R/M/DB/B/H/U
永あ 永国我語東今流遠 あうすなのアダポ ABGQaefg&24?
永永永永永永永

カモレモン+ ▶ p.25
L/R/M/DB/B/H/U
永あ 永国我語東今流遠 あうすなのアダポ ABGQaefg&24?
永永永永永永永

カモライム+ ▶ p.165
L/R/M/DB/B/H/U
永あ 永国我語東今流遠 あうすなのアダポ ABGQaefg&24?
永永永永永永永

キャピーN+ ▶ p.25
L/R/M/DB/B/H/U
永あ 永国我語東今流遠 あうすなのアダポ ABGQaefg&24?
永永永永永永永

ららぽっぷ+ ▶ p.20, p.31
L/R/M/DB/B/H/U
永あ 永国我語東今流遠 あうすなのアダポ ABGQaefg&24?
永永永永永永永

モリサワフォント 丸ゴシック体

ソフトゴシック
▶ p.35, p.174
L/R/M/DB/B/H/U
永 あ
永国我語東今流遠
あうすなのアダポ
ABGQaefg&24
永永永永永永永

秀英丸ゴシック
▶ p.82, p.182
L/B
永 あ
永国我語東今流遠
あうすなのアダポ
ABGQaefg&24?
永永

秀英にじみ丸ゴシック
▶ p.85, p.160
永 あ
永国我語東今流遠
あうすなのアダポ
ABGQaefg&24?
永

ヒラギノフォント 丸ゴシック体

ヒラギノ丸ゴ
▶ p.36, p.181
W2/W3/W4/W5/W6/W7/W8
永 あ
永国我語東今流遠
あうすなのアダポ
ABGQaefg&24?
永永永永永永永

ヒラギノ丸ゴ オールド
▶ p.39
W4/W6/W8
永 あ
永国我語東今流遠
あうすなのアダポ
ABGQaefg&24?
永永永

モリサワフォント デザイン書体

フォーク
▶ p.51, p.98, p.173, p.183
R/M/B/H
永 あ
永国我語東今流遠
あうすなのアダポ
ABGQaefg&24?
永永永永

丸フォーク
▶ p.26, p.100, p.173, p.183
R/M/B/H
永 あ
永国我語東今流遠
あうすなのアダポ
ABGQaefg&24?
永永永永

カクミン
▶ p.50, p.99
R/M/B/H
永 あ
永国我語東今流遠
あうすなのアダポ
ABGQaefg&24?
永永永永

翠流ネオロマン
▶ p.42, p.100, p.175
永 あ
永国我語東今流遠
あうすなのアダポ
ABGQaefg&2
永

翠流デコロマン
▶ p.42, p.163
永 あ
永国我語東今流遠
あうすなのアダポ
ABGQaefg&2
永

月下香
▶ p.52
永 あ
永国我語東今流遠
あうすなのアダポ
ABGQaefg&24?
永

翠流きら星
▶ p.96
永 あ
永国我語東今流遠
あうすなのアダポ
ABGQaefg&24?
永

美風
▶ p.95, p.168, p.178
永 あ
永国我語東今流遠
あうすなのアダポ
ABGQaefg&24?
永

デザイン書体

解ミン 宙
▶ p.86
R/M/B/H
永 あ
永国我語東今流遠
あうすなのアダポ
ABGQaefg&24?
永永永永

解ミン 月
▶ p.63, p.171
R/M/B/H
永 あ
永国我語東今流遠
あうすなのアダポ
ABGQaefg&24?
永永永永

はせミン
▶ p.24
R/M/B
永 あ
永国我語東今流遠
あうすなのアダポ
ABGQaefg&24?
永永永

モアリア
▶ p.39
R/B
永 あ
永国我語東今流遠
あうすなのアダポ
ABGQaefg&24?
永永

ほなみ+
L/R/M/B/EB/H/EH/U
永 あ
永国我語東今流遠
あうすなのアダポ
ABGQaefg&24?
永永永永永永永永

ココン
▶ p.18, p.41
永 あ
永国我語東今流遠
あうすなのアダポ
ABGQaefg&24?
永

ちさき
▶ p.23, p.38, p.177
永 あ
永国我語東今流遠
あうすなのアダポ
ABGQaefg&24?
永

白妙
▶ p.87, p.151, p.168
L/M
永 あ
永国我語東今流遠
あうすなのアダポ
ABGQaefg&24?
永永

モリサワフォント
デザイン書体

白妙 オールド ▶ p.63, p.92, p.168, p.177
L/M

永あ
永国我語東今流遠
あうすなのアダポ
ABGQaefg&24?
永永

シネマレター ▶ p.55, p.150, p.175

永あ
永国我語東今流遠
あうすなのアダポ
ABGQaefg&24
永

トーキング ▶ p.56, p.83, p.150

永あ
永国我語東今流遠
あうすなのアダポ
ABGQaefg&24?
永

ぺんぱる ▶ p.88, p.150

永あ
永国我語東今流遠
あうすなのアダポ
ABGQaefg&24?
永

くろまめ ▶ p.55, p.150, p.175

永あ
永国我語東今流遠
あうすなのアダポ
ABGQaefg&2
永

タカハンド ▶ p.29
L/M/DB/B/H

永あ
永国我語東今流遠
あうすなのアダポ
ABGQaefg&24?
永永永永永

タカリズム ▶ p.33
R/M/DB

永あ
永国我語東今流遠
あうすなのアダポ
ABGQaefg&24?
永永永

タカポッキ ▶ p.20, p.32, p.150

永あ
永国我語東今流遠
あうすなのアダポ
ABGQaefg&24
永

デザイン書体

タカモダン ▶ p.33, p.41

永あ
永国我語東今流遠
あうすなのアダポ
ABGQaefg&2
永

タカ風太 ▶ p.24, p.150

永あ
永国我語東今流遠
あうすなのアダポ
ABGQaefg&24?
永

翠流ゆゆポップ ▶ p.29, p.151, p.166

永あ
永国我語東今流遠
あうすなのアダポ
ABGQaefg&24
永

明石 ▶ p.94, p.168

永あ
永国我語東今流遠
あうすなのアダポ
ABGQaefg&24?
永

徐明 ▶ p.94, p.155, p.168

永あ
永国我語東今流遠
あうすなのアダポ
ABGQaefg&24?
永

かもめ龍爪 ▶ p.108, p.155

永あ
永国我語東今流遠
あうすなのアダポ
ABGQaefg&24?
永

げんろく志安 ▶ p.54, p.109

永あ
永国我語東今流遠
あうすなのアダポ
ABGQaefg&24?
永

みちくさ ▶ p.64, p.88, p.155, p.161, p.171

永あ
永国我語東今流遠
あうすなのアダポ
ABGQaefg&24?
永

デザイン書体

那欽 ▶ p.67, p.157

永あ
永国我語東今流遠
あうすなのアダポ
ABGQaefg&24?
永

武蔵野 ▶ p.66, p.160

永あ
永国我語東今流遠
あうすなのアダポ
ABGQaefg&24?
永

武蔵野 草かな＋ ▶ p.151

永あ
永国我語東今流遠
あうすなのアダポ
ABGQaefg&24?
永

くもやじ ▶ p.32

永あ
永国我語東今流遠
あうすなのアダポ
ABGQaefg&24?
永

プリティー桃 ▶ p.31, p.158, p.175

永あ
永国我語東今流遠
あうすなのアダポ
ABGQaefg&24?
永

トンネル ▶ p.34, p.163, p.165
細線／太線

永あ
永国我語東今流遠
あうすなのアダポ
ABGQaefg&24
永永

ボルクロイド ▶ p.50, p.76, p.165, p.175

永あ
永国我語東今流遠
あうすなのアダポ
ABGQaefg&
永

イカヅチ ▶ p.74, p.163

永あ
永国我語東今流遠
あうすなのアダポ
ABGQaefg&24
永

モリサワフォント デザイン書体

ハルクラフト ▶ p.76, p.165

永国我語東今流遠
あうすなのアダポ
ABGQaefg&24

竹 ▶ p.77
L/M/B/H

永国我語東今流遠
あうすなのアダポ
ABGQaefg&24?

翠流アトラス ▶ p.49, p.175
R/M/B

永国我語東今流遠
あうすなのアダポ
ABGQaefg&2

ラピスエッジ ▶ p.49, p.173, p.178
L/M/B

永国我語東今流遠
あうすなのアダポ
ABGQaefg&24?

ラピスメルト ▶ p.46, p.173, p.178
L/M/B

永国我語東今流遠
あうすなのアダポ
ABGQaefg&24?

アルデオ ▶ p.50, p.165

永国我語東今流遠
あうすなのアダポ
ABGQaefg&

はるひ学園 ▶ p.20, p.177

永国我語東今流遠
あうすなのアダポ
ABGQaefg&24?

すずむし ▶ p.18, p.158, p.177

永国我語東今流遠
あうすなのアダポ
ABGQaefg&24?

デザイン書体

ぽってり ▶ p.21, p.166
L/R/M/B

永国我語東今流遠
あうすなのアダポ
ABGQaefg&24?

つぶてん ▶ p.28, p.166

永国我語東今流遠
あうすなのアダポ
ABGQaefg&24

プフ ソワレ ▶ p.19, p.177

永国我語東今流遠
あうすなのアダポ
ABGQaefg&24?

プフ サワー ▶ p.23, p.177

永国我語東今流遠
あうすなのアダポ
ABGQaefg&24?

プフ ホリデー ▶ p.22, p.88, p.150

永国我語東今流遠
あうすなのアダポ
ABGQaefg&24?

プフ ポッケ ▶ p.22, p.177

永国我語東今流遠
あうすなのアダポ
ABGQaefg&24?

プフ マーチ ▶ p.19, p.177

永国我語東今流遠
あうすなのアダポ
ABGQaefg&24?

プフ ピクニック ▶ p.21, p.166

永国我語東今流遠
あうすなのアダポ
ABGQaefg&24?

デザイン書体

うたよみ ▶ p.52, p.157

永国我語東今流遠
あうすなのアダポ
ABGQaefg&24?

はせ筆 ▶ p.67, p.151, p.157, p.160

永国我語東今流遠
あうすなのアダポ
ABGQaefg&24?

黒曜 ▶ p.77, p.157, p.166

永国我語東今流遠
あうすなのアダポ
ABGQaefg&24?

剣閃 ▶ p.61, p.73, p.157

永国我語東今流遠
あうすなのアダポ
ABGQaefg&24?

澄月 ▶ p.65, p.153, p.161

永国我語東今流遠
あうすなのアダポ
ABGQaefg&24?

小琴 京かな ▶ p.66, p.157

永国我語東今流遠
あうすなのアダポ
ABGQaefg&24?

小琴 遊かな ▶ p.87, p.150, p.157

永国我語東今流遠
あうすなのアダポ
ABGQaefg&24?

タイプバンクフォント デザイン書体

TBカリグラゴシック ▶ p.40, p.151
R/E/U ※RのみMorisawa Fontsに搭載

永国我語東今流遠
あうすなのアダポ
ABGQaefg&24?

デザイン書体 タイプバンクフォント

G2サンセリフ B/U ▶ p.51, p.79, p.165, p.175

永あ 永国我語東今流遠 あうすなのアダポ ABGQaefg&2 永永

ぶらっしゅ ▶ p.72, p.165

永あ 永国我語東今流遠 あうすなのアダポ ABGQaefg&2 永

ぽっくる ▶ p.26

永あ 永国我語東今流遠 あうすなのアダポ ABGQaefg&24? 永

エコー L/R/B ▶ p.48, p.95, p.178

永あ 永国我語東今流遠 あうすなのアダポ ABGQaefg&24? 永永永

オーブ ▶ p.46, p.92, p.178

永あ 永国我語東今流遠 あうすなのアダポ ABGQaefg&24? 永

オズ ▶ p.44, p.48

永あ 永国我語東今流遠 あうすなのアダポ ABGQaefg&24? 永

赤のアリス ▶ p.43

永あ 永国我語東今流遠 あうすなのアダポ ABGQaefg&24? 永

白のアリス ▶ p.43, p.163

永あ 永国我語東今流遠 あうすなのアダポ ABGQaefg&24? 永

デザイン書体 昭和書体

銀龍 ▶ p.62, p.158

永あ 永国我語東今流遠 あうすなのアダポ ABGQaefg&24? 永

黒龍 ▶ p.74, p.158

永あ 永国我語東今流遠 あうすなのアダポ ABGQaefg&24? 永

闘龍 ▶ p.62, p.158

永あ 永国我語東今流遠 あうすなのアダポ ABGQaefg&24? 永

陽炎 ▶ p.158

永あ

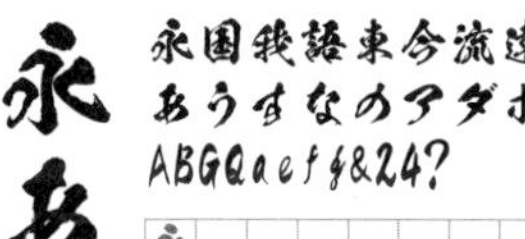

装飾書体 モリサワフォント

新ゴ シャドウ ▶ p.162

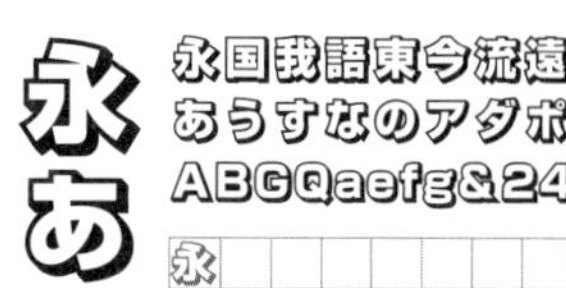

新ゴ エンボス ▶ p.162

永あ

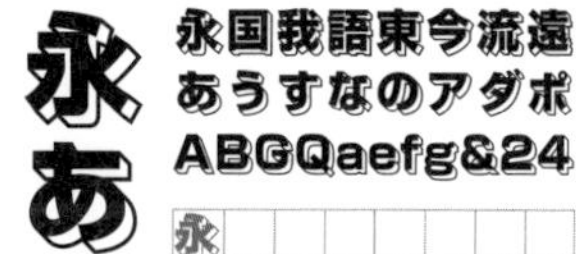

新ゴ ライン ▶ p.162

永あ

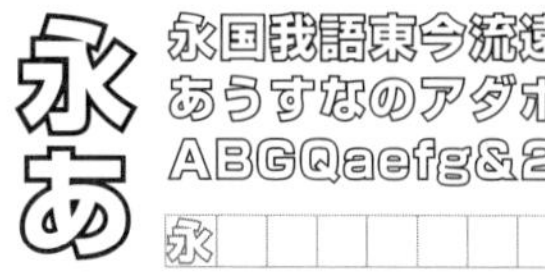

新ゴ 太ライン ▶ p.162

永あ

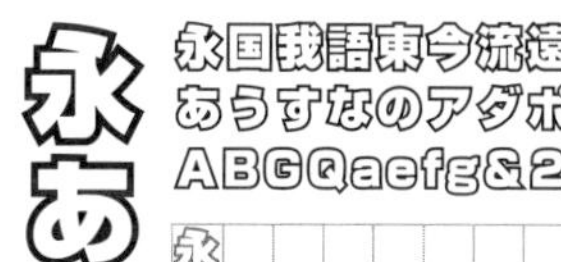

新丸ゴ シャドウ ▶ p.162

永あ

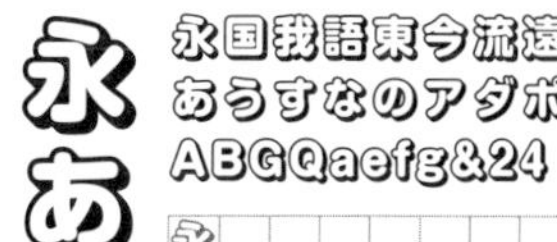

新丸ゴ エンボス ▶ p.162

永あ

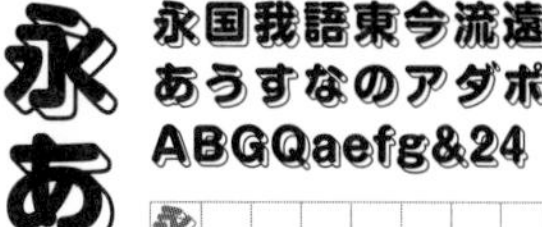

新丸ゴ ライン ▶ p.162

永あ

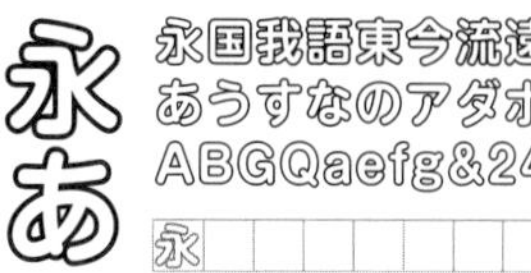

新丸ゴ 太ライン ▶ p.162

永あ

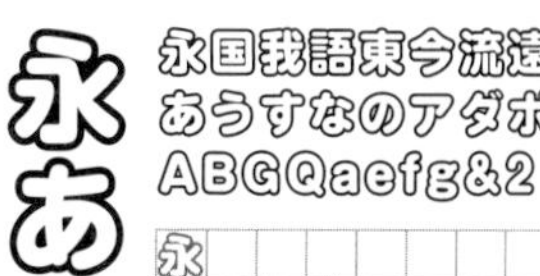

筆書体　モリサワフォント

正楷書CB1 ▶p.152

永 あ
永国我語東今流遠
あうすなのアダポ
ABGQaefg&24

新正楷書CBSK1 ▶p.60, p.118, p.152

永 あ
永国我語東今流遠
あうすなのアダポ
ABGQaefg&24

欧体楷書 ▶p.92, p.152

永 あ
永国我語東今流遠
あうすなのアダポ
ABGQaefg&24?

欧体楷書 藤かな+

永 あ
永国我語東今流遠
あうすなのアダポ
ABGQaefg&24?

楷書MCBK1 ▶p.61, p.152, p.164

永 あ
永国我語東今流遠
あうすなのアダポ
ABGQaefg&24

さくらぎ蛍雪 ▶p.64, p.155

永 あ
永国我語東今流遠
あうすなのアダポ
ABGQaefg&24?

教科書ICA ▶p.119, p.156, p.187
L/R/M

永 あ
永国我語東今流遠
あうすなのアダポ
ABGQaefg&24

角新行書 ▶p.60, p.153
L/M

永 あ
永国我語東今流遠
あうすなのアダポ
ABGQaefg&24?

筆書体

錦麗行書 ▶p.65, p.153

永 あ
永国我語東今流遠
あうすなのアダポ
ABGQaefg&24?

隷書E1 ▶p.110, p.154, p.174

永 あ
永国我語東今流遠
あうすなのアダポ
ABGQaefg&24?

隷書101 ▶p.53, p.154

永 あ
永国我語東今流遠
あうすなのアダポ
ABGQaefg&24

陸隷 ▶p.47, p.154

永 あ
永国我語東今流遠
あうすなのアダポ
ABGQaefg&24?

勘亭流 ▶p.68, p.156, p.164, p.175

永 あ
永国我語東今流遠
あうすなのアダポ
ABGQaefg&24?

ひげ文字 ▶p.69, p.79, p.156, p.163

永 あ
永国我語東今流遠
あうすなのアダポ
ABGQaefg&2

筆書体　タイプバンクフォント

篠 ▶p.59, p.153
M/B

永 あ
永国我語東今流遠
あうすなのアダポ
ABGQaefg&24?

羽衣 ▶p.59, p.153
M/B

永 あ
永国我語東今流遠
あうすなのアダポ
ABGQaefg&24?

筆書体

TB古印体 ▶p.54, p.154

永 あ
永国我語東今流遠
あうすなのアダポ
ABGQaefg&24

日活正楷書体 ▶p.60, p.122, p.152

永 あ
永国我語東今流遠
あうすなのアダポ
ABGQaefg&24?

花胡蝶 ▶p.47, p.155
L/M/B

永 あ
永国我語東今流遠
あうすなのアダポ
ABGQaefg&24?

花蓮華 ▶p.91, p.152
L/M/B

永 あ
永国我語東今流遠
あうすなのアダポ
ABGQaefg&24?

花牡丹 ▶p.53, p.154

永 あ
永国我語東今流遠
あうすなのアダポ
ABGQaefg&24?

筆書体　字游工房フォント

史仙堂楷書体 ▶p.58, p.152

永 あ
永国我語東今流遠
あうすなのアダポ
ABGQaefg&24?

游教科書体 New ▶p.119, p.156, p.187
M/横用 M/B/横用 B

永 あ
永国我語東今流遠
あうすなのアダポ
ABGQaefg&24?

游勘亭流 ▶p.68, p.156

永 あ
永国我語東今流遠
あうすなのアダポ
ABGQaefg&24

筆書体 ヒラギノフォント

ヒラギノ行書
▶ p.58, p.153
W4/W8

永 あ
永国我語東今流遠
あうすなのアダポ
ABGQaefg&24?
永永

筆書体 昭和書体

昭和楷書
▶ p.71, p.152

永 あ
永国我語東今流遠
あうすなのアダポ
ABGQaefg&24?
永

新聞書体 モリサワフォント

エムニュースエム
▶ p.182, p.184
※見本は平体80%

永 あ
永国我語東今流遠
あうすなのアダポ
ABGQaefg&24?
永

エムニュースジー
▶ p.182, p.184
※見本は平体80%

永 あ
永国我語東今流遠
あうすなのアダポ
ABGQaefg&24?
永

毎日新聞明朝
▶ p.117, p.174, p.184
※見本は平体80%

永 あ
永国我語東今流遠
あうすなのアダポ
ABGQaefg&24?
永

毎日新聞ゴシック
▶ p.118, p.174, p.184
※見本は平体80%

永 あ
永国我語東今流遠
あうすなのアダポ
ABGQaefg&24?
永

UD書体 モリサワフォント

UD黎ミン
▶ p.116, p.190, p.193
L/R/M/B/EB/H

永 あ
永国我語東今流遠
あうすなのアダポ
ABGQaefg&24?
永永永永永永

UD新ゴ（AP版）
▶ p.127, p.190, p.194
EL/L/R/M/DB/B/H/U

永 あ
永国我語東今流遠
あうすなのアダポ
ABGQaefg&24?
永永永永永永永永

UD新ゴ
L/R/M/DB/B/H

永 あ
永国我語東今流遠
あうすなのアダポ
ABGQaefg&24?
永永永永永永

UD新ゴNT（AP版）
▶ p.124, p.190, p.194
EL/L/R/M/DB/B/H/U

永 あ
永国我語東今流遠
あうすなのアダポ
ABGQaefg&24?
永永永永永永永永

UD新ゴNT
L/R/M/DB/B/H

永 あ
永国我語東今流遠
あうすなのアダポ
ABGQaefg&24?
永永永永永永

UD新丸ゴ
▶ p.124, p.191
L/R/M/DB/B/H

永 あ
永国我語東今流遠
あうすなのアダポ
ABGQaefg&24?
永永永永永永

UD新ゴ コンデンス90（AP版）
EL/L/R/M/DB/B/H/U

永 あ
永国我語東今流遠
あうすなのアダポ
ABGQaefg&24?
永永永永永永永永

UD新ゴ コンデンス90
EL/L/R/M/DB/B/H/U

永 あ
永国我語東今流遠
あうすなのアダポ
ABGQaefg&24?
永永永永永永永永

UD書体 モリサワフォント

UD新ゴ コンデンス80（AP版）
▶ p.100, p.128, p.178, p.190, p.194
EL/L/R/M/DB/B/H/U

永 あ
永国我語東今流遠
あうすなのアダポ
ABGQaefg&24?
永永永永永永永永

UD新ゴ コンデンス80
EL/L/R/M/DB/B/H/U

永 あ
永国我語東今流遠
あうすなのアダポ
ABGQaefg&24?
永永永永永永永永

UD新ゴ コンデンス70（AP版）
▶ p.185
EL/L/R/M/DB/B/H/U

永 あ
永国我語東今流遠
あうすなのアダポ
ABGQaefg&24?
永永永永永永永永

UD新ゴ コンデンス70
EL/L/R/M/DB/B/H/U

永 あ
永国我語東今流遠
あうすなのアダポ
ABGQaefg&24?
永永永永永永永永

UD新ゴ コンデンス60（AP版）
▶ p.178
EL/L/R/M/DB/B/H/U

永 あ
永国我語東今流遠
あうすなのアダポ
ABGQaefg&24?
永永永永永永永永

UD新ゴ コンデンス60
EL/L/R/M/DB/B/H/U

永 あ
永国我語東今流遠
あうすなのアダポ
ABGQaefg&24?
永永永永永永永永

UD新ゴ コンデンス50（AP版）
EL/L/R/M/DB/B/H/U

永 あ
永国我語東今流遠
あうすなのアダポ
ABGQaefg&24?
永永永永永永永永

UD新ゴ コンデンス50
EL/L/R/M/DB/B/H/U

永 あ
永国我語東今流遠
あうすなのアダポ
ABGQaefg&24?
永永永永永永永永

タイプバンクフォント UD書体
TBUD明朝 ▶p.123, p.190
M/H
永国我語東今流遠
あうすなのアダポ
ABGQaefg&24
TBUDゴシック ▶p.128, p.190
SL/R/B/E/H
永国我語東今流遠
あうすなのアダポ
ABGQaefg&24
TBUD丸ゴシック ▶p.125, p.191
SL/R/B/H
永国我語東今流遠
あうすなのアダポ
ABGQaefg&24
UDタイポス ▶p.98, p.173, p.191
58/510/512/515
永国我語東今流遠
あうすなのアダポ
ABGQaefg&24
UDデジタル教科書体 ▶p.83, p.126, p.185 p.187, p.191
R/M/B/H
永国我語東今流遠
あうすなのアダポ
ABGQaefg&24?
UDデジタル教科書体 学習記号 ▶p.187
R/M
kg H2
kg g mg kL L dL ℓ
ha cal H2O2 Ω
abcdefghijkln
kg ℓ kcal
ヒラギノフォント UD書体
ヒラギノUD明朝 ▶p.141, p.190
W4/W6
永国我語東今流遠
あうすなのアダポ
ABGQaefg&24?
ヒラギノUD角ゴ ▶p.146, p.190
W3/W4/W5/W6
永国我語東今流遠
あうすなのアダポ
ABGQaefg&24?
ヒラギノフォント UD書体
ヒラギノUD角ゴF ▶p.191
W3/W4/W5/W6
永国我語東今流遠
あうすなのアダポ
ABGQaefg&24?
ヒラギノUD丸ゴ ▶p.125, p.191
W3/W4/W5/W6
永国我語東今流遠
あうすなのアダポ
ABGQaefg&24?
モリサワフォント 学参書体
学参 常改リュウミン ▶p.188
L-KL/R-KL/M-KL/B-KL
永国我語東今流遠
あうすなのアダポ
ABGQaefg&24?
学参 リュウミン
L-KL/R-KL/M-KL/B-KL
永国我語東今流遠
あうすなのアダポ
ABGQaefg&24?
学参 常改新ゴ ▶p.188
L/R/M/DB/B
永国我語東今流遠
あうすなのアダポ
ABGQaefg&24
学参 新ゴ
L/R/M/DB/B
永国我語東今流遠
あうすなのアダポ
ABGQaefg&24
学参 常改中ゴシックBBB ▶p.188
永国我語東今流遠
あうすなのアダポ
ABGQaefg&24?
学参 中ゴシックBBB
永国我語東今流遠
あうすなのアダポ
ABGQaefg&24?
モリサワフォント 学参書体
学参 常改太ゴB101 ▶p.188
永国我語東今流遠
あうすなのアダポ
ABGQaefg&24?
学参 太ゴB101
永国我語東今流遠
あうすなのアダポ
ABGQaefg&24?
学参 常改じゅん ▶p.188
34/501
永国我語東今流遠
あうすなのアダポ
ABGQaefg&24
学参 じゅん
34/501
永国我語東今流遠
あうすなのアダポ
ABGQaefg&24
学参 常改新丸ゴ ▶p.188
L/R/M/DB/B
永国我語東今流遠
あうすなのアダポ
ABGQaefg&24
学参 新丸ゴ
L/R/M/DB/B
永国我語東今流遠
あうすなのアダポ
ABGQaefg&24
学参 常改教科書ICA ▶p.188
L/R/M
永国我語東今流遠
あうすなのアダポ
ABGQaefg&24
学参 教科書ICA
L/R/M
永国我語東今流遠
あうすなのアダポ
ABGQaefg&24

モリサワフォント 学参書体

学参かな 新ゴ
R/M/B
永あ
永国我語東今流遠
あうすなのアダポ
ABGQaefg&24
ああああ

学参かな 新丸ゴ
R/M/B
永あ
永国我語東今流遠
あうすなのアダポ
ABGQaefg&24
あああ

学参かな 教科書ICA
L/R/M
永あ
永国我語東今流遠
あうすなのアダポ
ABGQaefg&24
あああ

学参かな アンチックAN
R/M/B
永あ
永国我語東今流遠
あうすなのアダポ
ABGQaefg&24?
あああ

学参かな ネオツデイ 大がな
L-KL/R-KL/M-KL/DB-KL/B-KL
永あ
永国我語東今流遠
あうすなのアダポ
ABGQaefg&24?
あああああ

モリサワフォント 筆順書体

筆順ICA/筆順常用ICA ▶ p.189
R/M
安あ
安安

筆順2ICA/筆順常用2ICA ▶ p.189
R/M
安あ
安安

タイプバンクフォント 筆順書体

UDデジタル教科書体 筆順フォント ▶ p.189
TypeA E12/E34/E56/J1/J2/J3
安あ
安

UDデジタル教科書体 筆順フォント ▶ p.189
TypeB E12/E34/E56/J1/J2/J3
安あ
安

Role Serif Text Pro ▶p.172
ExtraLight/ExtraLight Italic/Light/Light Italic/Regular/Italic/Medium/Medium Italic/Bold/Bold Italic/ExtraBold/ExtraBold Italic/Heavy/Heavy Italic

a The Typography & DESIGN 123,456,789.0 !?

a The Typography & DESIGN 123,456,789.0 !?

Gg	Gg	Gg	Gg	Gg	Gg	Gg		
Gg	Gg	Gg	Gg	Gg	Gg	Gg		

Role Serif Display Pro ▶p.147, p.167, p.183
ExtraLight/ExtraLight Italic/Light/Light Italic/Regular/Italic/Medium/Medium Italic/Bold/Bold Italic/ExtraBold/ExtraBold Italic/Heavy/Heavy Italic

a The Typography & DESIGN 123,456,789.0 !?

a The Typography & DESIGN 123,456,789.0 !?

Gg	Gg	Gg	Gg	Gg	Gg	Gg		
Gg	Gg	Gg	Gg	Gg	Gg	Gg		

Role Serif Banner Pro ▶p.97, p.170
ExtraLight/ExtraLight Italic/Light/Light Italic/Regular/Italic/Medium/Medium Italic/Bold/Bold Italic/ExtraBold/ExtraBold Italic/Heavy/Heavy Italic

a The Typography & DESIGN 123,456,789.0 !?&

a The Typography & DESIGN 123,456,789.0 !?&

Gg	Gg	Gg	Gg	Gg	Gg	Gg		
Gg	Gg	Gg	Gg	Gg	Gg	Gg		

Pietro Text Pro
Thin/Thin Italic/Light/Light Italic/Regular/Italic/DemiBold/DemiBold Italic/Bold/Bold Italic

a The Typography & DESIGN 123,456,789.0 !?&@

a The Typography & DESIGN 123,456,789.0 !?&@

Gg	Gg	Gg	Gg	Gg				
Gg	Gg	Gg	Gg	Gg				

Serif

Pietro Display Pro ▶p.140, p.161
Thin/Thin Italic/Light/Light Italic/Regular/Italic/DemiBold/DemiBold Italic/Bold/Bold Italic

a The Typography & DESIGN 123,456,789.0 !?&@

a The Typography & DESIGN 123,456,789.0 !?&@

Gg	Gg	Gg	Gg	Gg				
Gg	Gg	Gg	Gg	Gg				

Letras Oldstyle Pro ▶p.106
Regular/Italic/DemiBold/DemiBold Italic/Bold/Bold Italic

a The Typography & DESIGN 123,456,789.0 !?&@

a The Typography & DESIGN 123,456,789.0 !?&@

Gg	Gg	Gg						
Gg	Gg	Gg						

Letras Oldstyle Narrow Pro
Regular/Italic/DemiBold/DemiBold Italic/Bold/Bold Italic

a The Typography & DESIGN 123,456,789.0 !?&@

a The Typography & DESIGN 123,456,789.0 !?&@

Gg	Gg	Gg						
Gg	Gg	Gg						

Letras Oldstyle Condensed Pro ▶p.179
Regular/Italic/DemiBold/DemiBold Italic/Bold/Bold Italic

a The Typography & DESIGN 123,456,789.0 !?&@

a The Typography & DESIGN 123,456,789.0 !?&@

Gg	Gg	Gg						
Gg	Gg	Gg						

Serif

CaslonMO Pro ▶p.136
Light/Light Italic/Regular/Italic/Bold/Bold Italic/Heavy/Heavy Italic

a The Typography & DESIGN 123,456,789.0 !?&@

a The Typography & DESIGN 123,456,789.0 !?&@

Gg	Gg	Gg	Gg					
Gg	Gg	Gg	Gg					

CaslonMO Condensed Pro ▶p.179
Light/Light Italic/Regular/Italic/Bold/Bold Italic/Heavy/Heavy Italic

a The Typography & DESIGN 123,456,789.0 !?&@

a The Typography & DESIGN 123,456,789.0 !?&@

Gg	Gg	Gg	Gg					
Gg	Gg	Gg	Gg					

CaslonMO Compressed Pro
Light/Light Italic/Regular/Italic/Bold/Bold Italic/Heavy/Heavy Italic

a The Typography & DESIGN 123,456,789.0 !?&@

a The Typography & DESIGN 123,456,789.0 !?&@

Gg	Gg	Gg	Gg					
Gg	Gg	Gg	Gg					

Star Times Text Pro ▶p.184
Regular/Italic/Bold/Bold Italic

a The Typography & DESIGN 123,456,789.0 !?&@

a The Typography & DESIGN 123,456,789.0 !?&@

Gg	Gg							
Gg	Gg							

Star Times Display Pro

▶p.122, p.184

Regular/Italic/Bold/Bold Italic

a The Typography
& DESIGN
123,456,789.0 !?&@

a *The Typography*
& DESIGN
123,456,789.0 !?&@

Gg **Gg**
Gg ***Gg***

BodoniMO Pro

▶p.93

Regular/Italic/Bold/Bold Italic

a The Typography
& DESIGN
123,456,789.0 !?&@

a *The Typography*
& DESIGN
123,456,789.0 !?&@

Gg **Gg**
Gg ***Gg***

BodoniMO Condensed Pro

▶p.179

Regular/Bold

a The Typography
& DESIGN
123,456,789.0 !?&@

Gg **Gg**

Pistilli Pro

▶p.114, p.170

a **The Typography**
& DESIGN
123,456,789.0 !?&@

Gg

Lima PE

▶p.23, p.84, p.172, p.186

Regular/Italic/Medium/Medium Italic/Bold/Bold Italic

a The Typography
& DESIGN
123,456,789.0 !?&@

a *The Typography*
& DESIGN
123,456,789.0 !?&@

Gg Gg **Gg**
Gg *Gg* ***Gg***

Areon Pro

▶p.143, p.172, p.186

ExtraLight/ExtraLight Italic/Light/Light Italic/Regular/Italic/Medium/Medium Italic/Bold/Bold Italic/ExtraBold/ExtraBold Italic

a The Typography
& DESIGN
123,456,789.0 !?&

a *The Typography*
& DESIGN
123,456,789.0 !?&

Gg Gg Gg **Gg** **Gg** **Gg**
Gg *Gg* *Gg* ***Gg*** ***Gg*** ***Gg***

Vonk Pro

▶p.80, p.112, p.167, p.172

Regular/Italic/Medium/Medium Italic/Bold/Bold Italic/ExtraBold/ExtraBold Italic/Heavy/Heavy Italic

a The Typography
& DESIGN
123,456,789.0 !?&@

a *The Typography*
& DESIGN
123,456,789.0 !?&@

Gg **Gg** **Gg** **Gg** **Gg**
Gg ***Gg*** ***Gg*** ***Gg*** ***Gg***

Zingha Pro

▶p.44, p.163

Regular/Italic/Medium/Medium Italic/Bold/Bold Italic/Bold Deco/Bold Deco Italic

a The Typography
& DESIGN
123,456,789.0 !?&@

a *The Typography*
& DESIGN
123,456,789.0 !?&@

Gg Gg **Gg** **Gg**
Gg *Gg* ***Gg*** ***Gg***

LatinMO Pro

▶p.48

Light/Light Italic/Regular/Italic/Bold/Bold Italic

a The Typography
& DESIGN
123,456,789.0 !?&@

a *The Typography*
& DESIGN
123,456,789.0 !?&@

Gg Gg **Gg**
Gg *Gg* ***Gg***

LatinMO Condensed Pro

▶p.179

Light/Light Italic/Regular/Italic/Bold/Bold Italic

a The Typography
& DESIGN
123,456,789.0 !?&@

a *The Typography*
& DESIGN
123,456,789.0 !?&@

Gg Gg **Gg**
Gg *Gg* ***Gg***

Role Slab Text Pro

▶p.133, p.169

Thin/Thin Italic/ExtraLight/ExtraLight Italic/Light/Light Italic/Regular/Italic/Medium/Medium Italic/Bold/Bold Italic/ExtraBold/ExtraBold Italic/Heavy/Heavy Italic/Black/Black Italic

a The Typography
& DESIGN
123,456,789.0 !?

a *The Typography*
& DESIGN
123,456,789.0 !?

Gg Gg Gg Gg Gg **Gg** **Gg** **Gg** **Gg**
Gg *Gg* *Gg* *Gg* *Gg* ***Gg*** ***Gg*** ***Gg*** ***Gg***

Role Slab Display Pro

▶p.183

Thin/Thin Italic/ExtraLight/ExtraLight Italic/Light/Light Italic/Regular/Italic/Medium/Medium Italic/Bold/Bold Italic/ExtraBold/ExtraBold Italic/Heavy/Heavy Italic/Black/Black Italic

a The Typography
& DESIGN
123,456,789.0 !?&

a *The Typography*
& DESIGN
123,456,789.0 !?&

Gg Gg Gg Gg Gg **Gg** **Gg** **Gg** **Gg**
Gg *Gg* *Gg* *Gg* *Gg* ***Gg*** ***Gg*** ***Gg*** ***Gg***

Role Slab Banner Pro

▶p.73

Thin/Thin Italic/ExtraLight/ExtraLight Italic/Light/Light Italic/Regular/Italic/Medium/Medium Italic/Bold/Bold Italic/ExtraBold/ExtraBold Italic/Heavy/Heavy Italic/Black/Black Italic

a The Typography
& DESIGN
123,456,789.0 !?&

a *The Typography*
& DESIGN
123,456,789.0 !?&

Gg Gg Gg Gg Gg **Gg** **Gg** **Gg** **Gg**
Gg *Gg* *Gg* *Gg* *Gg* ***Gg*** ***Gg*** ***Gg*** ***Gg***

タイプバンクフォント Serif

Venetian
(本明朝-Book用)
Book/Book Italic/Book SC/Book Italic OsF/Book Vertical

a The Typography
& DESIGN
123,456,789.0 !?&

a *The Typography*
& DESIGN
123,456,789.0 !?&

Gg15	GG15	Gg15
Gg15	*Gg15*	

Garamond
(本明朝-Book用)
Book/Book Italic/Book SC/Book Italic OsF/Book Vertical

a The Typography
& DESIGN
123,456,789.0 !?&@

a *The Typography*
& DESIGN
123,456,789.0 !?&@

Gg15	GG15	Gg15
Gg15	*Gg15*	

Baskerville
(本明朝-Book用)
Book/Book Italic/Book SC/Book Italic OsF/Book Vertical

a The Typography
& DESIGN
123,456,789.0 !?&

a *The Typography*
& DESIGN
123,456,789.0 !?&

Gg15	GG15	Gg15
Gg15	*Gg15*	

Bodoni
(本明朝-Book用)
Book/Book Italic/Book SC/Book Italic OsF/Book Vertical

a The Typography
& DESIGN
123,456,789.0 !?&

a *The Typography*
& DESIGN
123,456,789.0 !?&

Gg15	GG15	Gg15
Gg15	*Gg15*	

Rosetta Serif

RS Skolar PE
▶p.143, p.172, p.196
Regular/Semibold/Bold

a The Typography
& DESIGN
123,456,789.0 !?&

Gg15	**Gg15**	**Gg15**

RS Nassim Latin
▶p.120, p.172
Regular/Semibold/Bold

a The Typography
& DESIGN
123,456,789.0 !?&@

Gg15	**Gg15**	**Gg15**

RS Arek Latin
▶p.172
Regular/Semibold/Bold

a The Typography
& DESIGN
123,456,789.0 !?&@

Gg15	**Gg15**	**Gg15**

Sans Serif モリサワフォント

Role Sans Text Pro
▶p.147, p.169
Thin/Thin Italic/ExtraLight/ExtraLight Italic/Light/Light Italic/Regular/Italic/Medium/Medium Italic/Bold/Bold Italic/ExtraBold/ExtraBold Italic/Heavy/Heavy Italic/Black/Black Italic

a The Typography
& DESIGN
123,456,789.0 !?

a *The Typography*
& DESIGN
123,456,789.0 !?

Gg	Gg	Gg	Gg	**Gg**	**Gg**	**Gg**	**Gg**	**Gg**
Gg	*Gg*	*Gg*	*Gg*	***Gg***	***Gg***	***Gg***	***Gg***	***Gg***

Role Sans Display Pro
▶p.183
Thin/Thin Italic/ExtraLight/ExtraLight Italic/Light/Light Italic/Regular/Italic/Medium/Medium Italic/Bold/Bold Italic/ExtraBold/ExtraBold Italic/Heavy/Heavy Italic

a The Typography
& DESIGN
123,456,789.0 !?&

a *The Typography*
& DESIGN
123,456,789.0 !?&

Gg	Gg	Gg	Gg	**Gg**	**Gg**	**Gg**	**Gg**	
Gg	*Gg*	*Gg*	*Gg*	***Gg***	***Gg***	***Gg***	***Gg***	

Role Sans Banner Pro
▶p.101, p.173
Thin/Thin Italic/ExtraLight/ExtraLight Italic/Light/Light Italic/Regular/Italic/Medium/Medium Italic/Bold/Bold Italic/ExtraBold/ExtraBold Italic/Heavy/Heavy Italic

a The Typography
& DESIGN
123,456,789.0 !?&

a *The Typography*
& DESIGN
123,456,789.0 !?&

Gg	Gg	Gg	Gg	**Gg**	**Gg**	**Gg**	**Gg**	
Gg	*Gg*	*Gg*	*Gg*	***Gg***	***Gg***	***Gg***	***Gg***	

Sharoa Pro
▶p.146, p.186
UltraLight/UltraLight Italic/ExtraLight/ExtraLight Italic/Light/Light Italic/Regular/Italic/Medium/Medium Italic/DemiBold/DemiBold Italic/Bold/Bold Italic/ExtraBold/ExtraBold Italic/Heavy/Heavy Italic/Ultra/Ultra Italic

a The Typography
& DESIGN
123,456,789.0 !?&

a *The Typography*
& DESIGN
123,456,789.0 !?&

Gg	Gg	Gg	Gg	Gg	**Gg**	**Gg**	**Gg**	**Gg**	**Gg**
Gg	*Gg*	*Gg*	*Gg*	*Gg*	***Gg***	***Gg***	***Gg***	***Gg***	***Gg***

Concert Pro ▶p.84, p.186
Light/Light Italic/Regular/Italic/Bold/Bold Italic/Black/Black Italic

a The Typography & DESIGN 123,456,789.0 !?&@

a *The Typography & DESIGN 123,456,789.0 !?&@*

Gg	Gg	Gg	Gg
Gg	Gg	Gg	Gg

Citrine Pro ▶p.160
Light/Light Italic/Regular/Italic/Medium/Medium Italic/Bold/Bold Italic

a The Typography & DESIGN 123,456,789.0 !?&

a *The Typography & DESIGN 123,456,789.0 !?&*

Gg	Gg	Gg	Gg
Gg	Gg	Gg	Gg

Eminence Pro ▶p.129, p.167, p.169, p.186
Thin/Thin Italic/Regular/Italic/Medium/Medium Italic/Bold/Bold Italic/Black/Black Italic

a The Typography & DESIGN 123,456,789.0 !?&

a *The Typography & DESIGN 123,456,789.0 !?&*

Gg	Gg	Gg	Gg	Gg
Gg	Gg	Gg	Gg	Gg

Tapir Pro ▶p.30, p.80, p.167
ExtraLight/ExtraLight Italic/Light/Light Italic/Regular/Italic/Medium/Medium Italic/Bold/Bold Italic/Heavy/Heavy Italic

a The Typography & DESIGN 123,456,789.0 !?&@

a *The Typography & DESIGN 123,456,789.0 !?&@*

Gg	Gg	Gg	Gg	Gg	Gg
Gg	Gg	Gg	Gg	Gg	Gg

Prelude Pro ▶p.129, p.186
Light/Light Italic/Medium/Medium Italic/Bold/Bold Italic/Black/Black Italic

a The Typography & DESIGN 123,456,789.0 !?&

a *The Typography & DESIGN 123,456,789.0 !?&*

Gg	Gg	Gg	Gg
Gg	Gg	Gg	Gg

Prelude Condensed Pro ▶p.179
Light/Light Italic/Medium/Medium Italic/Bold/Bold Italic/Black/Black Italic

a The Typography & DESIGN 123,456,789.0 !?&@

a *The Typography & DESIGN 123,456,789.0 !?&@*

Gg	Gg	Gg	Gg
Gg	Gg	Gg	Gg

Prelude Compressed Pro
Light/Light Italic/Medium/Medium Italic/Bold/Bold Italic/Black/Black Italic

a The Typography & DESIGN 123,456,789.0 !?&@

a *The Typography & DESIGN 123,456,789.0 !?&@*

Gg	Gg	Gg	Gg
Gg	Gg	Gg	Gg

VibeMO Pro ▶p.80, p.167
Thin/Light/Light Italic/Medium/Medium Italic/Bold/Bold Italic/Ultra

a **The Typography & DESIGN 123,456,789.0 !?**

a ***The Typography & DESIGN 123,456,789.0 !?***

Gg	Gg	Gg	Gg	Gg
	Gg	Gg	Gg	

VibeMO Condensed Pro ▶p.179
Thin/Light/Light Italic/Medium/Medium Italic/Bold/Bold Italic/Ultra

a **The Typography & DESIGN 123,456,789.0 !?&@**

a ***The Typography & DESIGN 123,456,789.0 !?&@***

Gg	Gg	Gg	Gg	Gg
	Gg	Gg	Gg	

VibeMO Compressed Pro
Thin/Light/Light Italic/Medium/Medium Italic/Bold/Bold Italic/Ultra

a **The Typography & DESIGN 123,456,789.0 !?&@**

a ***The Typography & DESIGN 123,456,789.0 !?&@***

Gg	Gg	Gg	Gg	Gg
	Gg	Gg	Gg	

Cetra Text Pro ▶p.101
Regular/Italic/Medium/Medium Italic/Bold/Bold Italic

a The Typography & DESIGN 123,456,789.0 !?&

a *The Typography & DESIGN 123,456,789.0 !?&*

Gg	Gg	Gg
Gg	Gg	Gg

Cetra Display Pro ▶p.93, p.173
Regular/Italic/Medium/Medium Italic/Bold/Bold Italic

a The Typography & DESIGN 123,456,789.0 !?&@

a *The Typography & DESIGN 123,456,789.0 !?&@*

Gg	Gg	Gg
Gg	Gg	Gg

Sans Serif モリサワフォント

ClearTone SG

ExtraLight/Light/Regular/Medium/DemiBold/Bold/Heavy/Ultra

a The Typography & DESIGN 123,456,789.0 !?

Gg	Gg	Gg	Gg	Gg	Gg	Gg	Gg

Rounded モリサワフォント

Role Soft Text Pro ▶p.169

Thin/Thin Italic/ExtraLight/ExtraLight Italic/Light/Light Italic/Regular/Italic/Medium/Medium Italic/Bold/Bold Italic/ExtraBold/ExtraBold Italic/Heavy/Heavy Italic/Black/Black Italic

a The Typography & DESIGN 123,456,789.0 !?

a The Typography & DESIGN 123,456,789.0 !?

Gg	Gg	Gg	Gg	Gg	Gg	Gg	Gg	Gg
Gg	*Gg*	*Gg*	*Gg*	*Gg*	*Gg*	*Gg*	*Gg*	*Gg*

Role Soft Display Pro ▶p.183

Thin/Thin Italic/ExtraLight/ExtraLight Italic/Light/Light Italic/Regular/Italic/Medium/Medium Italic/Bold/Bold Italic/ExtraBold/ExtraBold Italic/Heavy/Heavy Italic/Black/Black Italic

a The Typography & DESIGN 123,456,789.0 !?

a The Typography & DESIGN 123,456,789.0 !?

Gg	Gg	Gg	Gg	Gg	Gg	Gg	Gg	Gg
Gg	*Gg*	*Gg*	*Gg*	*Gg*	*Gg*	*Gg*	*Gg*	*Gg*

Role Soft Banner Pro ▶p.36, p.167

Thin/Thin Italic/ExtraLight/ExtraLight Italic/Light/Light Italic/Regular/Italic/Medium/Medium Italic/Bold/Bold Italic/ExtraBold/ExtraBold Italic/Heavy/Heavy Italic/Black/Black Italic

a The Typography & DESIGN 123,456,789.0 !?&

a The Typography & DESIGN 123,456,789.0 !?&

Gg	Gg	Gg	Gg	Gg	Gg	Gg	Gg	Gg
Gg	*Gg*	*Gg*	*Gg*	*Gg*	*Gg*	*Gg*	*Gg*	*Gg*

Rocio Pro ▶p.86, p.160, p.161

Regular/Italic/Medium/Medium Italic/Bold/Bold Italic/Heavy/Heavy Italic

a The Typography & DESIGN 123,456,789.0 !?&

a The Typography & DESIGN 123,456,789.0 !?&

Gg	Gg	Gg	Gg					
Gg	*Gg*	*Gg*	*Gg*					

Script モリサワフォント

Abelha Pro ▶p.97, p.151, p.161, p.169

ExtraLight/Regular/DemiBold

a The Typography & DESIGN 123,456,789.0 !?&@

Gg	Gg	Gg						

Display モリサワフォント

Backflip Pro ▶p.34, p.169

Thin/Thin Italic/Light/Light Italic/Regular/Italic/Bold/Bold Italic/Heavy/Heavy Italic

a The Typography & DESIGN 123,456,789.0 !?&@

a The Typography & DESIGN 123,456,789.0 !?&@

Gg	Gg	Gg	Gg	Gg				
Gg	*Gg*	*Gg*	*Gg*	*Gg*				

Rubberblade ▶p.75, p.167

Ultra/Ultra Italic

a The Typography & DESIGN 123,456,789

a The Typography & DESIGN 123,456,789

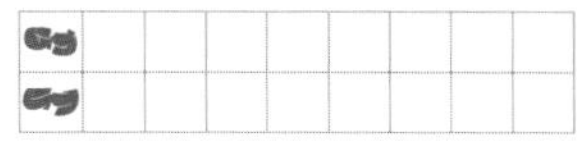

Gg								
Gg								

Universal Design モリサワフォント

Lutes UD PE

▶p.120, p.186, p.193

Light/Light Italic/Regular/Italic/Medium/Medium Italic/Bold/Bold Italic/ExtraBold/ExtraBold Italic/Heavy/Heavy Italic

a The Typography & DESIGN 123,456,789.0 !?

a The Typography & DESIGN 123,456,789.0 !?

Gg	Gg	Gg	Gg	Gg	Gg		
Gg	*Gg*	*Gg*	*Gg*	*Gg*	*Gg*		

Clarimo UD PE

▶p.126, p.195

ExtraLight/ExtraLight Italic/Light/Light Italic/Regular/Italic/Medium/Medium Italic/DemiBold/DemiBold Italic/Bold/Bold Italic/Heavy/Heavy Italic/Ultra/Ultra Italic

a The Typography & DESIGN 123,456,789.0

a The Typography & DESIGN 123,456,789.0

Gg	Gg	Gg	Gg	Gg	Gg	Gg	Gg	
Gg	*Gg*	*Gg*	*Gg*	*Gg*	*Gg*	*Gg*	*Gg*	

Clarimo UD PE Narrow

ExtraLight/ExtraLight Italic/Light/Light Italic/Regular/Italic/Medium/Medium Italic/DemiBold/DemiBold Italic/Bold/Bold Italic/Heavy/Heavy Italic/Ultra/Ultra Italic

a The Typography & DESIGN 123,456,789.0 !?

a The Typography & DESIGN 123,456,789.0 !?

Gg	Gg	Gg	Gg	Gg	Gg	Gg	Gg	
Gg	*Gg*	*Gg*	*Gg*	*Gg*	*Gg*	*Gg*	*Gg*	

Clarimo UD PE Condensed

▶p.179, p.195

ExtraLight/ExtraLight Italic/Light/Light Italic/Regular/Italic/Medium/Medium Italic/DemiBold/DemiBold Italic/Bold/Bold Italic/Heavy/Heavy Italic/Ultra/Ultra Italic

a The Typography & DESIGN 123,456,789.0 !?&

a The Typography & DESIGN 123,456,789.0 !?&

Gg	Gg	Gg	Gg	Gg	Gg	Gg	Gg	
Gg	*Gg*	*Gg*	*Gg*	*Gg*	*Gg*	*Gg*	*Gg*	

Universal Design

Clarimo UD PE Extra Condensed

ExtraLight/ExtraLight Italic/Light/Light Italic/Regular/Italic/Medium/Medium Italic/DemiBold/DemiBold Italic/Bold/Bold Italic/Heavy/Heavy Italic/Ultra/Ultra Italic

a The Typography & DESIGN 123,456,789.0 !?&@

a The Typography & DESIGN 123,456,789.0 !?&@

Gg	Gg	Gg	Gg	Gg	Gg	Gg	Gg	
Gg	*Gg*	*Gg*	*Gg*	*Gg*	*Gg*	*Gg*	*Gg*	

Clarimo UD PE Compressed

ExtraLight/ExtraLight Italic/Light/Light Italic/Regular/Italic/Medium/Medium Italic/DemiBold/DemiBold Italic/Bold/Bold Italic/Heavy/Heavy Italic/Ultra/Ultra Italic

a The Typography & DESIGN 123,456,789.0 !?&@

a The Typography & DESIGN 123,456,789.0 !?&@

Gg	Gg	Gg	Gg	Gg	Gg	Gg	Gg	
Gg	*Gg*	*Gg*	*Gg*	*Gg*	*Gg*	*Gg*	*Gg*	

Clarimo UD PE Extra Compressed

ExtraLight/ExtraLight Italic/Light/Light Italic/Regular/Italic/Medium/Medium Italic/DemiBold/DemiBold Italic/Bold/Bold Italic/Heavy/Heavy Italic/Ultra/Ultra Italic

a The Typography & DESIGN 123,456,789.0 !?&@

a The Typography & DESIGN 123,456,789.0 !?&@

Gg	Gg	Gg	Gg	Gg	Gg	Gg	Gg	
Gg	*Gg*	*Gg*	*Gg*	*Gg*	*Gg*	*Gg*	*Gg*	

Universal Design タイプバンクフォント

UD DigiKyo Latin

▶p.187

Regular/Medium/Bold/Heavy

a The Typography & DESIGN 123,456,789.0

Gg	Gg	Gg	Gg					

UD DigiKyo Italic

Regular/Medium/Bold/Heavy

a The Typography & DESIGN 123,456,789.0

Gg	*Gg*	*Gg*	*Gg*					

Universal Design タイプバンクフォント

UD DigiKyo Writing

▶p.187

a The Typography & DESIGN 123,456,789.0

Gg								

学参欧文
モリサワフォント

学参欧文 Century Phonetic

ð
æ̃èɚɑ̃ɛ́ɔ́ʌ́éəɑ̀ŋʃʒð
θàùː: ( )[ ]
abədefghijklmnop

táip							

学参欧文 ブロック体

a
The Typography
& DESIGN
123,456,789

Gg15		

学参欧文 ローマ字1
Light/Regular/Medium

a
The Typography
& DESIGN
123,456,789.0 !?

Gg15	Gg15	Gg15

学参欧文 ローマ字2
Light/Regular/Medium

a
The Typography
& DESIGN
123,456,789.0

Gg15	Gg15	Gg15

学参欧文 CenturyOld
Roman/Italic

a
The Typography
& DESIGN
123,456,789.0 !?&

a
The Typography
& DESIGN
123,456,789.0 !?&

Gg15		
Gg15		

学参欧文 Century
Bold/BoldItalic

a
The Typography
& DESIGN
123,456,789.0 !?&

a
The Typography
& DESIGN
123,456,789.0 !?&

Gg15		
Gg15		

学参欧文
字游工房フォント

JKHandwriting ▶p.187
Light/Regular/Medium/Medium Italic/Bold/Heavy/RL Light/RL TW Light

a
The Typography
& DESIGN
123,456,789.0 !?

a
The Typography
& DESIGN
123,456,789.0 !?

Gg	Gg	Gg	**Gg**	**Gg**				
Gg	Gg	Gg						

学参数字
モリサワフォント

学参数字 イタリック
K10/K20/K30/K40/K50/K60

7
1234567890 2°
( )×+−÷ x y
kg mg km cm mm g km²

7kg	7kg	7kg	7kg	7kg	7kg

学参数字 正体SI
K10/K20/K30/K40/K50/K60

7
1234567890 2°
( )×+−÷ x y
kg mg km cm mm g km²

7kg	7kg	7kg	7kg	7kg	7kg

中国語繁体字 モリサワフォント

UD黎ミン 繁体字 ▶p.193

L/R/M/B/EB/H (森澤UD黎明體)

讀

我是隻貓。還沒有名字。是在哪兒出生的也不清楚。

讀讀讀讀讀讀

UD新ゴ 繁体字 標準字体 ▶p.194

R/M/DB/B (森澤UD新黑 標準繁體)

讀

我是隻貓。還沒有名字。是在哪兒出生的也不清楚。

讀讀讀讀

中国語繁体字 ヒラギノフォント

ヒラギノ角ゴ 繁体中文 ▶p.196

W3/W6 (冬青黑體繁體中文)

讀

我是隻貓。還沒有名字。是在哪兒出生的也不清楚。

讀讀

中国語繁体字 ARPHIC

AR Ming

B/H (文鼎粗明/文鼎特明)

讀

我是隻貓。還沒有名字。是在哪兒出生的也不清楚。

讀讀

AR UDShuyuanhei

(文鼎UD書苑黑体)

讀

我是隻貓。還沒有名字。是在哪兒出生的也不清楚。

讀

AR Hei

B/H (文鼎粗黑/文鼎特黑)

讀

我是隻貓。還沒有名字。是在哪兒出生的也不清楚。

讀讀

中国語簡体字 モリサワフォント

UD黎ミン 簡体字 ▶p.193

L/R/M/B/EB/H (森泽UD黎明体)

读

我是只猫。还没有名字。是在哪儿出生的也不清楚。

读读读读读读

UD新ゴ 簡体字 ▶p.194

R/M/DB/B (森泽UD新黑)

读

我是只猫。还没有名字。是在哪儿出生的也不清楚。

读读读读

中国語簡体字 ヒラギノフォント

ヒラギノ角ゴ 簡体中文 ▶p.196

W0/W1/W2/W3/W4/W5/W6 (冬青黑体简体中文)

读

我是只猫。还没有名字。是在哪儿出生的也不清楚。

读读读读读读读

中国語簡体字 ARPHIC

AR Biaosong / AR Dabiaosong

(文鼎小標宋/文鼎大標宋)

读

我是只猫。还没有名字。是在哪儿出生的也不清楚。

读读

AR Crystalhei

(文鼎晶熙中粗黑)

读

我是只猫。还没有名字。是在哪儿出生的也不清楚。

读

AR UDJingxihei

(文鼎UD晶熙中粗黑)

读

我是只猫。还没有名字。是在哪儿出生的也不清楚。

读

AR Newhei

(文鼎新特粗黑)

读

我是只猫。还没有名字。是在哪儿出生的也不清楚。

读

ハングル モリサワフォント

UD黎ミン ハングル ▶p.193

L/R/M/B/EB/H (UD신고 한글)

독

나는 고양이로소이다. 이름은 아직 없다.

독독독독독독

UD新ゴ ハングル ▶p.194

EL/L/R/M/DB/B/H/U (UD레이민 한글)

독

나는 고양이로소이다. 이름은 아직 없다.

독독독독독독독독

ハングル SANDOLL

SD Myungjo

Light/Bold

독

나는 고양이로소이다. 이름은 아직 없다.

독독

ハングル SANDOLL

SD Gothic Neo1

Light/Medium/ExtraBold

독

나는 고양이로소이다. 이름은 아직 없다.

독독독

アラビア文字
モリサワフォント
Lutes UD Arabic
▶p.193
Light/Regular/Medium/Bold/ExtraBold/Heavy
ش
استمتع بزيارة إلى
اليابان!
ولغات
Clarimo UD Arabic
▶p.195
Regular/Medium/DemiBold/Bold
ش
استمتع بزيارة إلى
اليابان!
ولغات
Rosetta
アラビア文字
RS Nassim Arabic
Regular/Semibold/Bold
ش
استمتع بزيارة إلى
اليابان!
ولغات
Rosetta
アルメニア文字
RS Arek Armenian
Regular/Semibold/Bold
Պ
Գրության ձևերը
և լեզուները
աշխարհում
Gg15
デーヴァナーガリー
モリサワフォント
Lutes UD Devanagari
▶p.193
Light/Regular/Medium/Bold/ExtraBold/Heavy
अे
जापान की यात्रा
का आनंद उठाएं!
विस्म
Clarimo UD Devanagari
▶p.195
Regular/Medium/DemiBold/Bold
अे
जापान की यात्रा
का आनंद उठाएं!
वि<
Rosetta
デーヴァナーガリー
RS Skolar Devanagari
▶p.196
Regular/Semibold/Bold
अे
जापान की यात्रा का
आनंद उठाएं!
विश्व
Rosetta
グジャラーティ文字
RS Skolar Gujarati
▶p.196
Regular/Semibold/Bold
અ
વિશ્વનું લેખન અને
ભાષાઓ
વિશ્વનું
タイ文字
モリサワフォント
Lutes UD Thai
▶p.193
Light/Light Italic/Regular/Italic/Medium/Medium Italic/Bold/Bold Italic/ExtraBold/ExtraBold Italic/Heavy/Heavy Italic
ญ
การเขียนและ
ภาษาในโลก
ญี่ปุ่น
Clarimo UD Thai
▶p.195
Light/Light Italic/Regular/Italic/Medium/Medium Italic/DemiBold/DemiBold Italic/Bold/Bold Italic
ญ
การเขียนและ
ภาษาในโลก
ญี่ปุ่น
Clarimo UD ThaiModern
▶p.195
Light/Light Italic/Regular/Italic/Medium/Medium Italic/DemiBold/DemiBold Italic/Bold/Bold Italic
ญ
การเขียนและ
ภาษาในโลก
ญี่ปุ่น
DB Designs
タイ文字
DB BangPood
Regular/Regular Italic/Bold/Bold Italic
ญ
การเขียนและ
ภาษาในโลก
ญี่ปุ่น
DB Designs
タイ文字
DB Komol
Regular/Regular Italic/DemiBold/DemiBold Italic/Bold/Bold Italic
ญ
การเขียนและ
ภาษาในโลก
ญี่ปุ่น
DB Manoptica
Regular/Regular Italic/Medium/Medium Italic/Bold/Bold Italic
ญ
การเขียนและภาษา
ในโลก
ญี่ปุ่น
DB Manoptica New Condensed
Regular/Regular Italic/Medium/Medium Italic/Bold/Bold Italic
ญ
การเขียนและภาษาใน
โลก
ญี่ปุ่น
DB Manoptica New Extended
Regular/Regular Italic/Medium/Medium Italic/Bold/Bold Italic
ญ
การเขียนและ
ภาษาในโลก
ญี่ปุ่น

DB Designs タイ文字

DB Manothai

Thin/Thin Italic/Regular/Regular Italic/Medium/Medium Italic/DemiBold/DemiBold Italic/Bold/Bold Italic

ญ การเขียนและภาษาในโลก

ญ การเขียนและภาษาในโลก

ญี่ปุ่น	ญี่ปุ่น	ญี่ปุ่น	ญี่ปุ่น	ญี่ปุ่น	
ญี่ปุ่น	*ญี่ปุ่น*	*ญี่ปุ่น*	*ญี่ปุ่น*	*ญี่ปุ่น*	

DB Narai

Regular/Regular Italic/Bold/Bold Italic

ญ การเขียนและภาษาในโลก

ญ การเขียนและภาษาในโลก

ญี่ปุ่น	ญี่ปุ่น				
ญี่ปุ่น	*ญี่ปุ่น*				

Cadson Demak タイ文字

CD EQ

Regular/Regular Italic/Medium/Medium Italic/Bold/Bold Italic

ญ การเขียนและภาษาในโลก

ญ การเขียนและภาษาในโลก

ญี่ปุ่น	ญี่ปุ่น	ญี่ปุ่น			
ญี่ปุ่น	*ญี่ปุ่น*	*ญี่ปุ่น*			

CD Pracharath

Regular/Regular Italic/Medium/Medium Italic/Bold/Bold Italic

ญ การเขียนและภาษาในโลก

ญ การเขียนและภาษาในโลก

ญี่ปุ่น	ญี่ปุ่น	ญี่ปุ่น			
ญี่ปุ่น	*ญี่ปุ่น*	*ญี่ปุ่น*			

Katatrad Aksorn タイ文字

KT SarabunMai

Regular/Regular Italic/Bold/Bold Ialic/ExtraBold/ExtraBold Italic

ญ การเขียนและภาษาในโลก

ญ การเขียนและภาษาในโลก

ญี่ปุ่น	ญี่ปุ่น	ญี่ปุ่น			
ญี่ปุ่น	*ญี่ปุ่น*	*ญี่ปุ่น*			

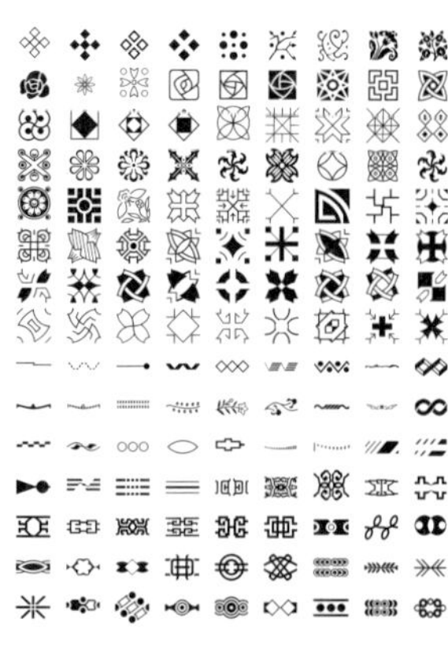

数字書体（数字・くいこみ数字）

¥1,980~ ¥980~
¥1,980~ ¥1,980~
¥1,980~ ¥1,980~
¥980~ ¥980~
¥1,980~ ¥980~
¥1,980~ ¥1,980~
¥1,980~ ¥1,980~
¥123,980~ ¥1,980~
¥1,980~ ¥1,980~
¥1,980~ ¥980~
¥980~ ¥980~
¥980~ ¥980~

1,980円 1,980円
1,980円 1,980円

フォントをもっと使いこなすためのヒント!

フォント活用 Tips

フォントを選ぶときに知っておくと
便利な知識のほか、アプリケーションで
フォントを使用するときにデザインの幅が
広がるTipsを紹介します。

Tips 一覧

Tips

文字セットと収録文字数

モリサワでは定められた規格に基づいてフォントを開発しています。
文字セットには JIS 規格など公的規格として決められているものと、 アドビ株式会社やモリサワなど特定の企業や団体が決めているものがあります。 文字セットによって、 定められた文字種と文字数が異なります。

▶ モリサワ・タイプバンク書体の文字セット

Adobe-Japan1

アドビ株式会社が日本語フォント製品用に規定した文字セットのシリーズ。 日本で使われるフォントの多くがこの規格に準じて文字セットを定めており、 業界標準となっています。

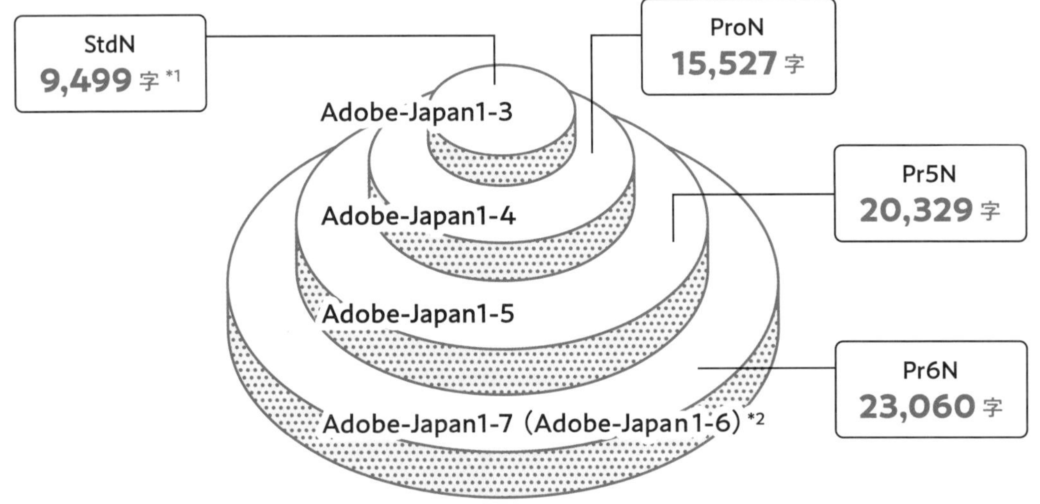

*1 かな書体を含みます。
*2 Adobe-Japan1-7 には Adobe-Japan1-6 で規定された文字に加えて令和合字 2 文字が収録されています。
※ ヒラギノフォント、 昭和書体は異なります。
※ Pr6N のように「N」のつく文字セットは JIS2004 字形に対応した OpenType フォントの目印です。 この文字セットのフォントをモリサワでは「N フォント」と呼びます。
※ Adobe-Japan1 規格を採用した AP 版の N フォントは、令和合字を収録しています。詳しくは https://www.morisawa.co.jp/support/faq/4680 をご確認ください。
※掲載している内容は 2023 年 1 月時点のものです。

▶ モリサワ独自の文字セット

ミニ 2 セット

Adobe-Japan1 に準拠するサブセットを採用したモリサワ独自の文字セットです。
JIS 第一水準漢字、 常用漢字、 人名用漢字といった広く利用される文字集合をカバーするだけでなく、 使用頻度の高い文字を追加で選定・収録しています。 製品パッケージなどの見出し用途で特に使いやすい文字セットとなっています。 ミニ 2 セットは従来のミニセットに収録されている全ての文字を収録しており、 上位互換性があります。

ミニ 2 セット（Min2）	ミニセット（Min）
4,833 字	3,839 字

Tips

フォントメニュー名の見方

アプリケーション上でフォントを選択する際などに表示される「フォントメニュー名」から、そのフォントのファミリー名をはじめとした情報・仕様を読み取ることができます。

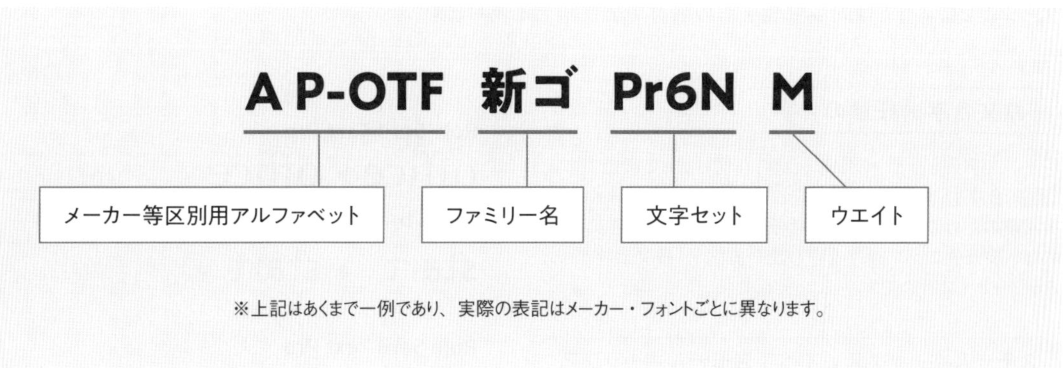

メーカー等区別用アルファベット

メーカー・フォントファイル形式・準拠している規格を表すアルファベットです。 メーカーやフォントによりその表記の有無・内容についてはさまざまです。

モリサワブランドのフォント

A P-OTF / A-OTF

モリサワ OpenType フォント

モリサワの一般的な OpenType フォントです。 A P-OTF で始まる AP 版フォントは、 和文・欧文のペアカーニングと最新の IVS に対応したフォントで、 より美しい組版を実現します。 和文以外のフォントには、 一部を除いて区別用のアルファベットが付きません。

G-OTF

学参フォント

常用漢字・かなについて、 文部科学省の「学習指導要領」にある「代表的な字形」に準拠したフォント

U-OTF

U-PRESS フォント

社団法人共同通信社が全国の新聞社などに国内外の記事を配信するために定めた独自の文字コードに準拠したフォント

MO / MP

一部の多言語や記号類などのフォント

例） MO Rubberblade
MP CDEQ TH　　など

タイプバンクブランドのフォント

TB　Ro　RA

昭和書体のフォント

A_KSO

Tips

OpenType 機能を使った字形の切り替え

OpenType フォントは本格的な組版のための機能を数多くそなえています。 このページでは、 OpenType 機能のうち主要な字形切り替え機能を紹介します。 搭載されている OpenType 機能はフォントによって異なります。 ここでは各機能を Adobe Illustrator や Adobe InDesign での呼称でご紹介しますが、 アプリケーションによっては同じ機能を別の名称で表す場合もあります。

欧文合字 / 任意の合字

特定の文字列をひとつの字形(合字)に切り替える機能です。「欧文合字」は主にスペーシングの調整やグリフ同士の衝突回避のための合字を、「任意の合字」は欧文合字に含まれない装飾性の高い合字を呼び出します。「欧文合字」のみデフォルトで有効です。

Role Serif Text Pro
office ▸ office

Rocio Pro
start ▸ start

スモールキャップス / すべてスモールキャップス

アルファベットの大文字や小文字をスモールキャップスに切り替える機能です。 スモールキャップスは大文字をおよそ小文字の高さに揃えてデザインした字形です。

Role Serif Text Pro
Fonts ▸ FONTS

上付き序数表記

文字を、序数を表すのに適した字形に切り替える機能です。スペイン語やイタリア語などで、 数字を使って序数を表記する際に用います。

Role Serif Text Pro
1a 2o ▸ 1ª 2º

等幅ライニング数字 / プロポーショナルオールドスタイル数字

数字を別の字形に切り替える機能です。 Role Serif Text Pro では、「等幅ライニング数字」は数字同士の字幅の等しい字形を、「プロポーショナルオールドスタイル数字」はアルファベットの小文字に合わせた高さの字形を呼び出します。

Role Serif Text Pro
0123456789 ▼ 0123456789
0123456789 ▼ 0123456789

スラッシュを用いた分数

数字でスラッシュを挟んだ文字列を、 分子と分母の間にスラッシュを挟むスタイルの分数表記に切り替える機能です。

Role Serif Text Pro
7/10 ▸ 7/10

スラッシュ付きゼロ

数字の「0」(ゼロ)をスラッシュ付きの字形に切り替える機能です。 大文字の「O」(オー)のような類似した文字と明確に区別するために用います。

Role Serif Text Pro
O0 ▸ O0

前後関係に依存する字形

語頭・語尾といった文中での位置や隣り合った文字に応じて、 適切な字形を呼び出す機能です。 この機能はデフォルトで有効です。

Abelha Pro
address ▸ address

スワッシュ字形

特定の文字をスワッシュ字形に切り替える機能です。スワッシュ字形は、デフォルトの字形に比べてより華やかで装飾的な字形です。

Pietro Display Pro

Music ▸ *Music*

スタイルセット

特定の文字や文字列をフォントごとに設定された代替字形のグループに切り替える機能です。20パターンまで設定でき、その機能はフォントごとにさまざまです。

Vonk Pro

agree ▸ agree

OpenType 機能による字形切り替えを活用した和文フォント

モリサワはいくつかの和文フォントで、一般的な和文フォントが共通して持つ機能以外の OpenType 機能を活用し、新たな表現を試みています。「みちくさ」や「澄月」では文字を続け書きしたように見せる連綿体や、特殊な合字、ひらがなの異体字である変体仮名などを呼び出すことができます。

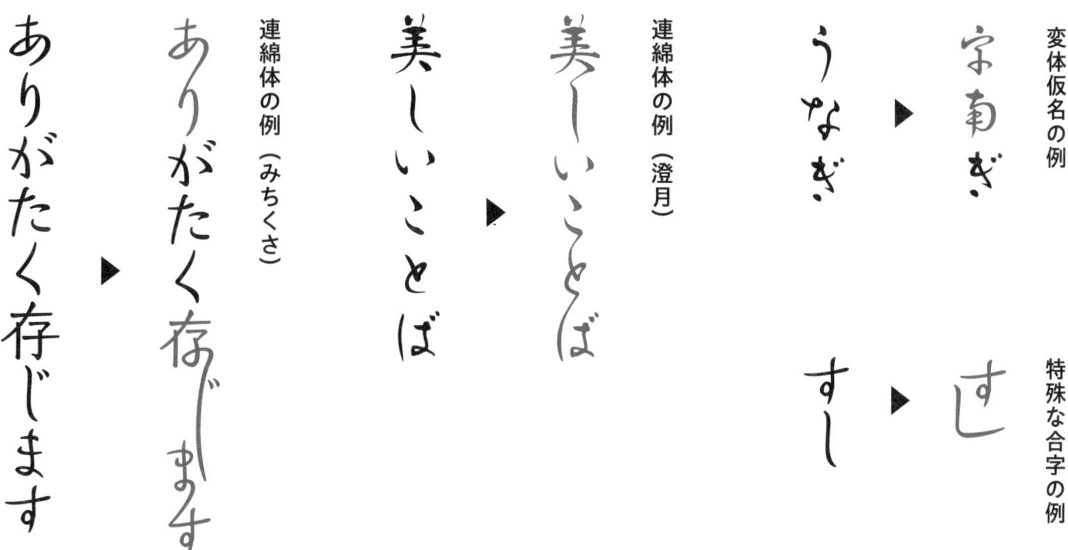

OpenType 機能を使った字形の切り替え方

Adobe Illustrator の場合

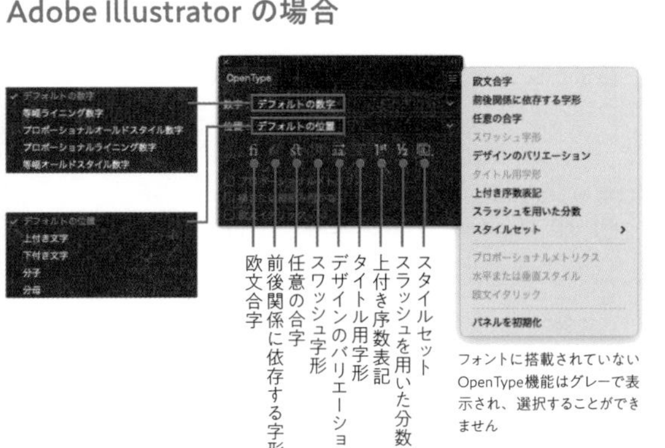

フォントに搭載されていないOpenType機能はグレーで表示され、選択することができません

Adobe InDesign の場合

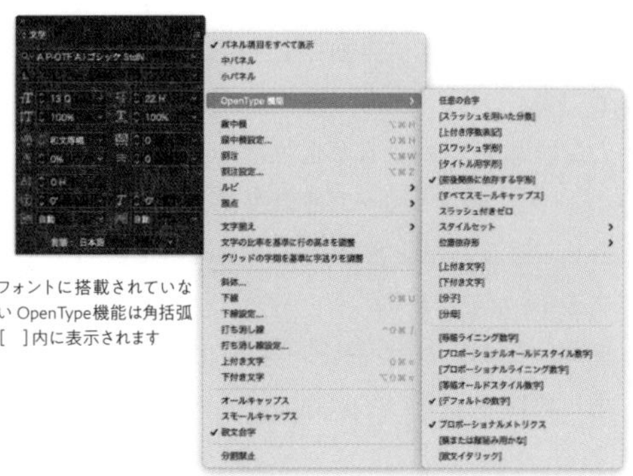

フォントに搭載されていない OpenType機能は角括弧［ ］内に表示されます

Tips

文字詰めの設定について

OpenType フォント機能を活用できるアプリケーションでは、 目的に応じてさまざまな文字詰めを設定することができます。

▶ ベタ組みと詰め組み

ベタ組み

文字の仮想ボディを密着させ、 字間を詰めず・空けずに文字を組む方法です。 複数行にわたる本文組などの場面で可読性を発揮します。

詰め組み

文字の字面やデザインに合わせて字間を詰めて文字を組む方法です。 視覚的に字間が調整されることにより、 タイトルなどの場面で見栄えや可読性の向上を図ることができます。

ベタ組み　朝日のごとくさわやかに ―― 仮想ボディ

ツメ組み　朝日のごとくさわやかに

▶ 文字詰め設定方法

文字詰めの設定方法について Adobe InDesign と Adobe Illustrator では主に「文字パネル」で設定することができます。

Illustrator の文字パネル　　InDesign の文字パネル

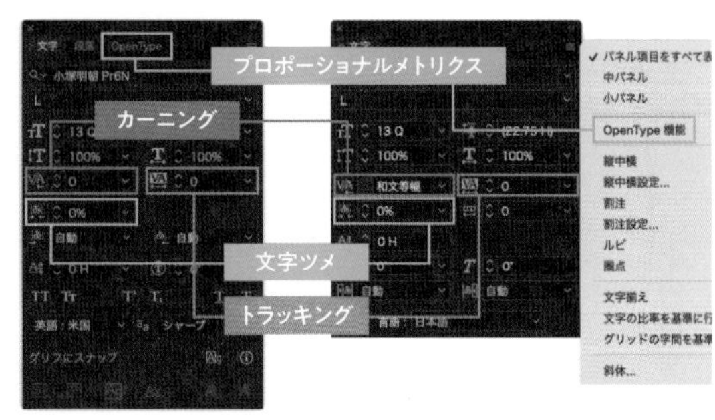

※ InDesign は右上のメニューボタンから↑のサブメニューを出し、「OpenType 機能」からプロポーショナルメトリクスを選択します。

▶ プロポーショナルメトリクス

フォント内部に搭載された主に 1 文字単位の詰め情報を元に自動で文字詰めを行う設定です。

かなや漢字、 約物など全角幅の文字について、 フォントメーカーがその書体・文字に合わせて設定した任意の詰め（字幅）を実現することができます。

基本的にカーニング設定「メトリクス」と併用します。

設定なし （カーニング 0）	Typography WAVE タイポグラフィーウェーブ
プロポーショナル メトリクス	Typography WAVE タイポグラフィーウェーブ
比較	Typography WAVE タイポグラフィーウェーブ

▶ カーニング

メトリクス

フォント内部に搭載された詰め情報を元に自動で文字詰めを行う設定です。
「プロポーショナルメトリクス」と同様１文字単位の詰めに加えて、特定の文字の組み合わせ（ペア）に設定された詰め情報「ペアカーニング値」を元に文字詰めを行います。
基本的に「プロポーショナルメトリクス」と併用します。

設定なし（カーニング０）	Typography WAVE タイポグラフィーウェーブ
メトリクス	Typography WAVE タイポグラフィーウェーブ
比較	Typography WAVE タイポグラフィーウェーブ

和文等幅

和文をベタ組み（字間０）、欧文をメトリクスで組む設定です。
Adobe InDesign ではデフォルトで設定されています。

設定なし（カーニング０）	Typography WAVE タイポグラフィーウェーブ
和文等幅	Typography WAVE タイポグラフィーウェーブ
比較	Typography WAVE タイポグラフィーウェーブ

オプティカル

アプリケーションが字形を判断し自動で文字詰めを行う設定です。

▶ その他の文字詰め機能

トラッキング

文字列に対して、一律の数値でまとめて文字詰めを行う機能です。

文字ツメ

文字の両脇の余白（サイドベアリング）を削って文字詰めを行う機能です。
あくまで文字以外の余白部分を削るため、「文字ツメ」設定を100%にした場合も文字が重なることはありません。

カーニング（数値指定）

指定した字間について任意の数値を設定することで、手動で文字詰めを行う機能です。プロポーショナルメトリクスをオンの状態で設定する必要があります。※オフの場合、意図しない挙動をする場合があります。

▶ ケース別おすすめ設定

ベタ組みをしたい場合	和文等幅
詰め組みをしたい場合	プロポーショナルメトリクス＋メトリクス

Tips

モリサワフォント製品・サービス

ライセンス製品

- Morisawa Fonts
- MORISAWA PASSPORT
- MORISAWA PASSPORT アカデミック版
- MORISAWA PASSPORT for iPad

パッケージ製品

- MORISAWA Font 基本 7 書体パック
- MORISAWA Font Select Pack 1/3/5/PLUS

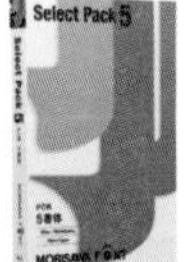

Web フォントサービス

- TypeSquare

サーバー用製品

- サーバーアプリケーション用フォントライセンス

組込みフォント

デバイスやソフトウェアへの組込みについてはご相談ください。

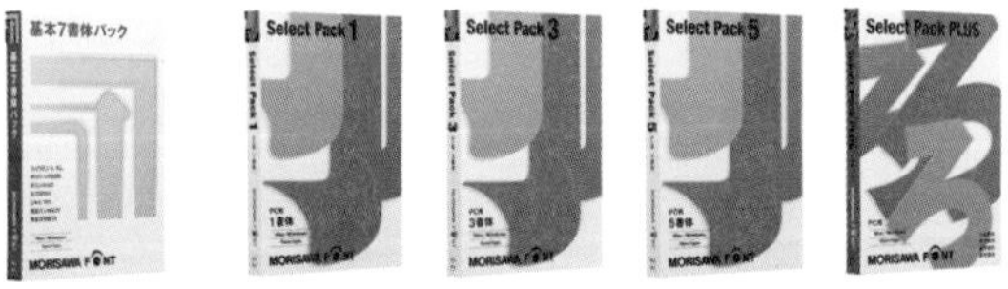

▶ Morisawa Fonts 使用許諾

Morisawa Fonts はモリサワグループのフォントおよび他社フォントを有償・無償問わず様々な用途にお使いいただけます。

○		
出版印刷	文字の変形・加工	サイン・看板
電子カタログ	電子出版 *1	販促グッズ
デジタルサイネージ	ゲーム・アプリ（画像）*2	Web（画像）*2
文字の再編成 *3	印章・表札	商業印刷
パッケージ	映像・動画（TV・映画など）	ロゴ（商標登録なし／あり）*6
加工してロゴ化（商標登録なし／あり）*6		

×	
動的テキスト *4	ゲーム・アプリ（含）*5

*1 PDF 埋め込みまたは文字が画像化されたものに限ります。EPUB にフォントを直接埋め込むことはできません。
*2 静的テキストは問題ありませんが、画像であっても動的に、つまりフォントの代替として機能する仕組みは許諾の範囲外です。
*3 文字の部分部分を組み合わせて、オリジナルの文字を作成することをいいます。
*4 動的テキスト、つまりフォントの代替として機能する仕組みは許諾の範囲外です。別途ご相談ください。
*5 組込みフォント製品でご利用いただけますので、別途ご相談ください。
*6 提供書体を利用した制作物（ロゴ等）について、Morisawa Fonts フリープランでの商標登録はできません。

※ Morisawa Fonts 以外の製品の使用許諾については https://www.morisawa.co.jp/products/fonts/permission/ をご確認ください。

Tips

創作活動をサポートするMorisawa Fontsの便利な使い方

モリサワの豊富な書体ライブラリーが使用できるサブスクリプションサービスとして親しまれてきたMORISAWA PASSPORTに代わり、クラウド型のフォントサブスクリプションサービスMorisawa Fontsが2022年より提供開始されています。このページでは、Morisawa Fontsをより快適にお使いいただけるお役立ち情報をご紹介します。

▶使用するフォントをお気に入り登録できる「コレクション機能」

制作物やプロジェクトに合わせてフォントを自由に選択し、「コレクション」としてお気に入り登録できます。

こんな方におすすめです

- プロジェクトや用途ごとにフォントを管理したい
- 必要なときに必要なフォントだけ一括でアクティベート／ディアクティベートして軽快に作業したい
- プロジェクトメンバーやクライアントと手間なくフォント環境を統一したい

▶「すべての文字セットを表示」の有効／無効を切り替えて検索する

「すべての文字セットを表示」を有効にして検索すると、最新のフォントと異なる文字セットや異なる仕様のフォントも表示されるようになります。無効にして検索すると最新の仕様のフォントのみが表示されるようになります。

こんな方におすすめです

- 過去のデータとの互換性を取るなど用途に合わせて文字セットを選んで使いたい
- 最新の仕様のフォントを迷わず選びたい

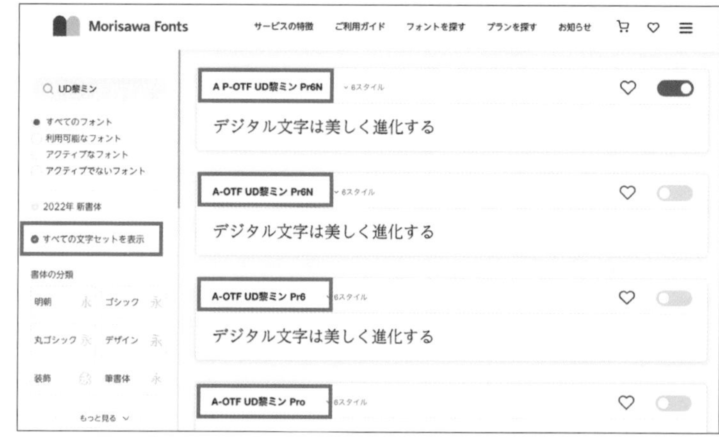

今回ご紹介した情報は、Morisawa Fontsサポートサイト（https://support.morisawafonts.com/hc/ja）やモリサワ公式note（https://note.morisawa.co.jp/）にて詳しくご説明しています。今後も、Morisawa Fontsをますます便利にご使用いただけるようなアップデートを予定しています。ぜひご期待ください。

Morisawa Fonts サポートサイト

モリサワ公式 note

※本ページに掲載している情報は、2023年10月時点のものです。

ブックデザイン×モリサワフォント

アーカイブ
2022-2023特集企画

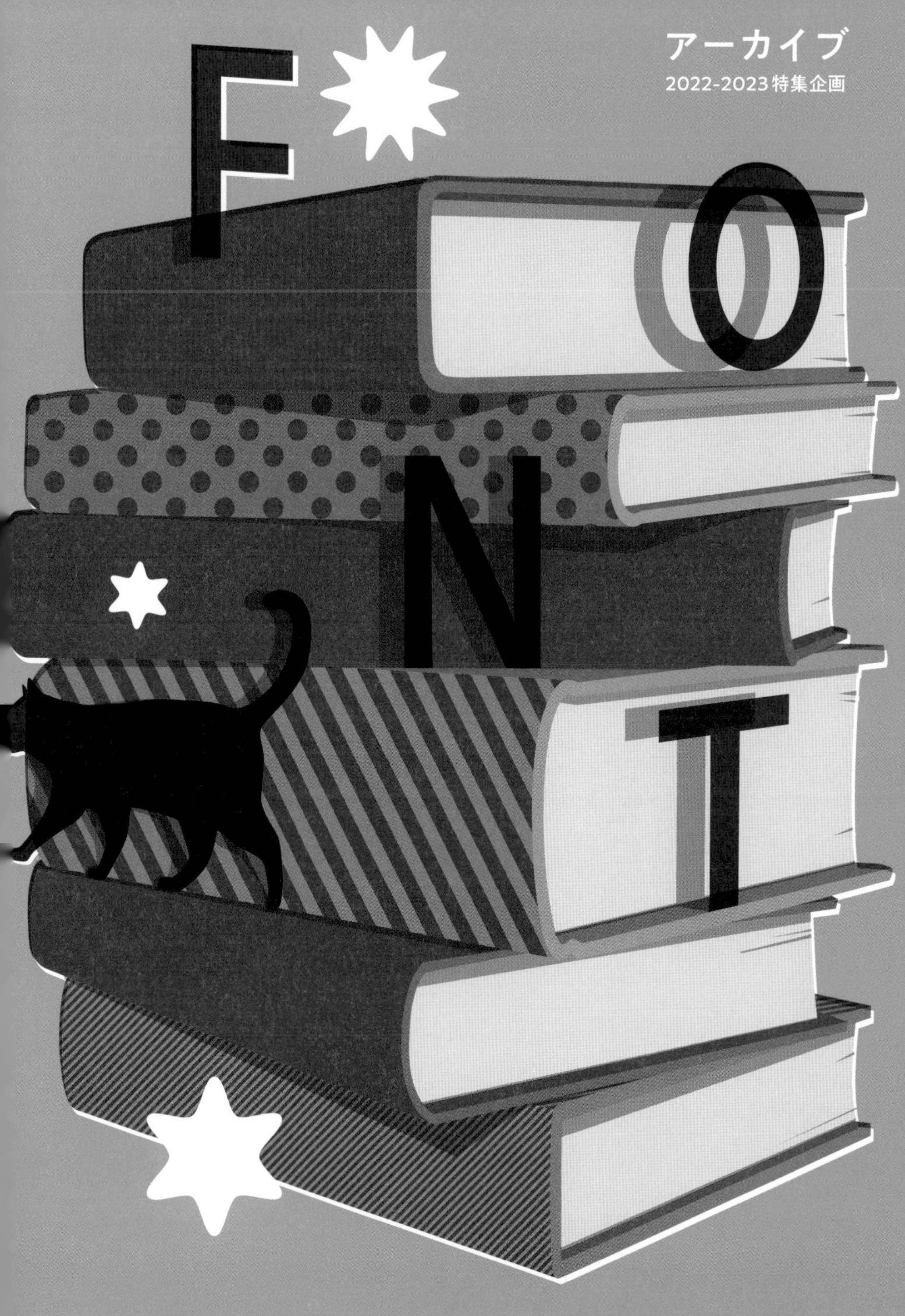

ブックデザイナーが6つのジャンルの装丁をモリサワフォントで制作

夏目漱石
吾輩は猫である』を

01 文芸作品として　02 ホラー&サスペンスとして　03 海外文学として
04 児童図書として　05 ノンフィクションとして　06 エッセイとして

ESIGNER マツダオフィス 松田行正（まつだ・ゆきまさ）

48年生まれ。ブック・デザイナー。本のデザインと併行して、本のオブジェ性を探求するミニ出版社「牛若丸」を主宰し出版活動も行なう。の他、せんだいメディアテーク、大社文化プレイス、みなとみらい21の元町・中華街駅プラットフォーム、まつもと市民芸術館、富弘美術館、ランスのコニャック・ジェイ病院などの建築のサインも手がける。デザイン・ワークの傍ら文字や記号を含めた、「もののはじまり」に着想得た執筆活動も行なう。

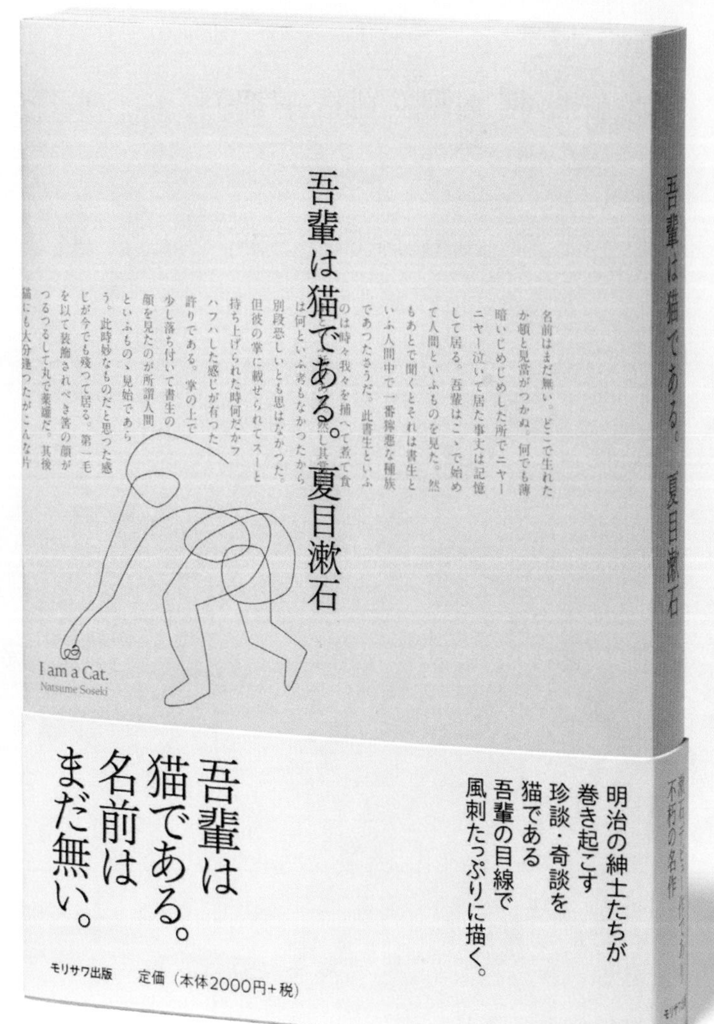

夏目漱石『吾輩は猫である』を

落ちついた文芸作品として

飾りのリード文はノイズ効果を期待。主張しすぎないけれども、ある程度アイキャッチとなり小さくてもしっかり読める「A1明朝」を使い、「金色（赤金）」でタイトル・著者名に重ねるようにレイアウト。タイトルとリードに絡む、欧文タイトルを拾おうとしているような線画は、女神インキのスーパーブラックなど濃い文字色を想定。用紙「ブンペル」の味わい深いベージュに太からず、細すぎない「文游明朝体」が読みやすく、文芸作品の香りを放っています。細い線画にも合う太さが嬉しい。特色2色使用。カバー用紙は、手触りが優しく文芸作品にはぴったりの「ブンペル・ナチュラル」。帯は「ブンペル・ホワイト」。

使用フォント

タイトル・著者名：文游明朝体 StdN R
リード文：A1 明朝
欧文タイトル：Role Serif Display Pro Regular
欧文著者名：Role Serif Display Pro Light
帯メイン：文游明朝体 StdN R
帯サブ：あおとゴシック R
社名：A1 ゴシック R
定価：A1 ゴシック L

夏目漱石『吾輩は猫である』を ホラー＆サスペンスとして

タイトルには、繊細で情緒的な文字「しまなみ」をできるだけ大きく入れ、文字を強調したデザイン。句点の「。」はあえて欠けるようにレイアウト。大きいタイトルの下には影を入れていますが、InDesignの「ドロップシャドウ」では物足りず、タイトルをPhotoshopでぼかし、文字の背後に置いて、薄い濃度で乗算しています。これで、文字に奥行きがでました。地に敷いている写真は赤サビが浮いた鉄板ですが、文字の奥行きが深まったことで、なにやら宇宙的な気配が醸しだされ、サスペンスフルになったように感じます。プロセス4色使用。帯は、カバーと共紙で、カバーの延長デザイン。

使用フォント

タイトル：しまなみ
著者名：あおとゴシック DB
リード文：秀英にじみ四号かな
欧文タイトル：Pietro Display Pro Thin Italic
欧文著者名：Pietro Display Pro Light
帯メイン：秀英にじみ角ゴシック銀 B
帯サブ：中ゴシック BBB
社名：A1 ゴシック R
定価：A1 ゴシック L

夏目漱石『吾輩は猫である』を
問題作の海外文学として

「ロンドンの街角の壁に乱雑に貼られていた二次元コード群から事件・ドラマ、サスペンスがはじまる」を想定してデザインしました。いわば、霧深いロンドンに暗躍した切り裂きジャックのイメージです。このインパクトの強い壁紙に負けないように、欧文タイトルは、可能な限り大きくレイアウト。セリフ体のなかでも、スラブセリフと呼ばれる縦横のコントラストが小さくサンセリフ書体の香りを持つ「Role Slab Banner Pro」を使っています。英文のリード文も入り、洋書と和書の間を楽しむデザインになったと思います。プロセス４色使用。

使用フォント

タイトル：秀英にじみ四号かな
著者名：A1ゴシック M
欧文タイトル：Role Slab Banner Pro Black
欧文著者名：Pistilli Pro
欧文リード文：Role Slab Banner Pro Regular
社名：A1ゴシック R

夏目漱石『吾輩は猫である』を
可愛い＆ゆるい児童図書として

全体に「レトロかわいい」世界をめざしてデザインしてみました。まず、手書き文字感満載の「ぽってり」をタイトル書体とすることで、全体のかわいさのトーンはある程度担保されます。そこに猫のヒゲ、ボディライン、カリグラフィックなライン、蛇行するリード文などの要素を加えて、じゃれあっている猫という「かわいい」イメージを増幅させるとともに、よりいっそう「レトロ感」が感じられるように図りました。背景に広がる中間調の色彩の縦ストライプ模様や、欧文タイトルのオープンフェイスも「レトロ感」を強調していると思います。プロセス４色使用。

使用フォント

タイトル：ぽってりL
著者名：ココン
リード文：ぽってりR
欧文タイトル：Zingha Pro Bold Deco Italic
欧文著者名：Abelha Pro DemiBold
社名：A1ゴシックR

夏目漱石『吾輩は猫である』を ノンフィクションとして

淡い色使いも含めてフランスの叢書の一冊のようなイメージをめざしました。多めに入れたリード文は、知的な雰囲気を高めてくれます。そして、そのリード文の読み順を「S」に見える明るいオレンジ色の線でなんとなく示しています。欧文タイトルは欧文リード文（『吾輩は猫である』の英訳）と同書体ながら、タイトルのみアウトライン文字にすることで、少しクラシックな雰囲気がでます。加えてタイトルの書体「くれたけ銘石」も、碑文などに刻まれたような歴史感のあるフォントですので、全体のノンフィクションの気配は高まることでしょう。特色３色使用。帯は地色を敷くなど特色２色使用、カバーとの違いを強調しています。

使用フォント

タイトル・著者名：くれたけ銘石
リード文：あおとゴシック EL
欧文タイトル・リード文：Zingha Pro Regular
欧文著者名・文：Star Times Display Pro Italic
帯 メインの漢字：くれたけ銘石
帯 メインのかな：秀英にじみ明朝 L
帯 サブ：ヒラギノ丸ゴ W6
社名：A1 ゴシック R
定価：A1 ゴシック L

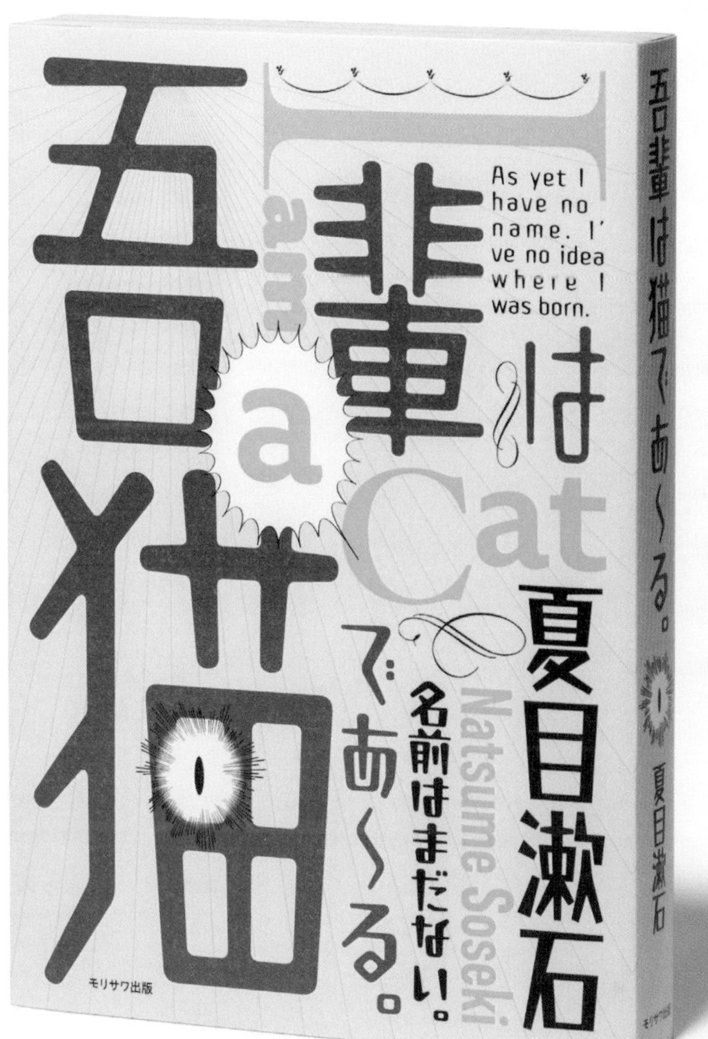

夏目漱石『吾輩は猫である』を **ポップなエッセイ**として

タイトルの書体は、角が丸く直線的なエレメントで構成された柔らかでポップな書体「ラピスメルト」。この書体で全体を埋めて、にぎやかな雰囲気にしてくれという書体の声が聞こえてきたような気がしたので、カバー表1全体を和文タイトルと欧文タイトル、著者名などの文字要素で埋め尽くしてみました。そして、そこに丸い要素が加わると、その直線性がより引き立つと思い、大きいタイトル「猫」のところと、欧文タイトルの「a」のところに吹きだしを入れました。「猫」の吹きだしのイメージは、いわずもがなですが、猫の目。最後に、奥行きが感じられるように、背景に空色の放射線を敷きました。特色４色使用。

使用フォント

タイトル：ラピスメルトL/M
著者名：ラピスエッジM
リード文：ラピスメルトB
欧文タイトルI：Pietro Display Pro Thin
欧文タイトルC：Pietro Display Pro Bold
欧文タイトルam：Role Soft Banner Pro Black
欧文タイトルa：Lima PE Bold
欧文タイトルat：Role Sans Text Pro Bold
欧文著者名：VibeMO Pro Medium
欧文リード文：ラピスメルトL
社名：A1ゴシックR

書体名索引

表現・特徴で見つけるフォントBOOK
モリサワ総合書体見本帳 2023–2024

2023年11月30日　初版第1刷発行

編著	株式会社モリサワ
発行者	角竹輝紀
発行所	株式会社マイナビ出版 〒101-0003 東京都千代田区一ツ橋2-6-3 一ツ橋ビル2F Tel：0480-38-6872（注文専用ダイヤル） Tel：03-3556-2731（販売部） E-MAIL：book_mook@mynavi.jp（編集部） URL：https://book.mynavi.jp
企画・制作協力	株式会社マイナビ出版／DODO DESIGN／マツダオフィス／ 小林功二（LampLighters Label）／伊達千代（TART DESIGN OFFICE）／川俣綾加
装幀	佐々木俊（AYOND）
本文デザイン	山﨑恵（アート・サプライ）／島﨑肇則
編集	松田政紀（アート・サプライ）／島﨑肇則
本文DTP	山﨑恵（アート・サプライ）／島﨑肇則
印刷製本	株式会社大丸グラフィックス

〈本書使用書体一覧〉

INTRODUCTION	タイトル	Citrine Pro
	本文	中ゴシックBBB
CONTENTS	タイトル	Citrine Pro
	本文	A1ゴシック
本書の使い方	見出し・リード・本文	A1ゴシック
特集企画	扉タイトル	見出ゴMB31
	扉リード	太ゴB101
	カテゴリ	Sharoa Pro
	書体名	太ゴB101
	解説文	中ゴシックBBB
つくりたい表現で探す	扉・キーワード・書体名	A1ゴシック
特徴で探す	扉・ジャンル・書体名	A1ゴシック
全書体見本	扉・書体分類・ブランド	A1ゴシック
	書体名	UD新ゴ コンデンス80（AP版）
フォント活用Tips	扉・見出し・リード・本文	A1ゴシック
書体名索引	見出し	A1ゴシック
	本文	UD新ゴ（AP版）
アーカイブ	特集企画2022–2023	A1ゴシック
奥付		A1ゴシック
ノンブル		Lutes UD PE

ISBN978-4-8399-8514-1
Printed in Japan